杯酒人生

UNE HISTOIRE DU VIN

葡萄酒的历史

［法］迪迪埃·努里松（Didier Nourrisson） 著

梁同正 译

中信出版集团｜北京

图书在版编目（CIP）数据

杯酒人生：葡萄酒的历史 /（法）迪迪埃·努里松
著；梁同正译 . -- 北京：中信出版社，2020.1
ISBN 978-7-5217-0886-8

Ⅰ . ①杯… Ⅱ . ①迪… ②梁… Ⅲ . ①葡萄酒—基本
知识 Ⅳ . ① TS262.6

中国版本图书馆 CIP 数据核字（2019）第 172276 号

Didier Nourrisson, UNE HISTOIRE DU VIN
Copyright © Perrin, un department d'Edi8, 2017
The Chinese edition published via the Dakai Agency
Simplified Chinese translation copyright © 2020 by CITIC Press Corporation
ALL RIGHTS RESERVED

本书仅限中国大陆地区发行销售

杯酒人生——葡萄酒的历史

著　　者：［法］迪迪埃·努里松
译　　者：梁同正
出版发行：中信出版集团股份有限公司
　　　　　（北京市朝阳区惠新东街甲 4 号富盛大厦 2 座　邮编　100029）
承 印 者：中国电影出版社印刷厂

开　　本：880mm×1230mm　1/32　　印　　张：9.75　　字　　数：249 千字
版　　次：2020 年 1 月第 1 版　　　　印　　次：2020 年 1 月第 1 次印刷
京权图字：01-2019-4096　　　　　　广告经营许可证：京朝工商广字第 8087 号
书　　号：ISBN 978-7-5217-0886-8
定　　价：59.00 元

Contents
目 录

1

葡萄酒的传说与神秘故事

2

葡萄酒的封建史

（5世纪—18世纪）

3

大众饮酒的时代
（19世纪上半叶—20世纪）

4

美酒的时代

这是一个与时间有关的故事。

很多年前，还没有笔墨，甚至也没有人类的存在——在美索不达米亚平原上，有一株植物结出了一串串深郁、透紫的果实。

浆果甜美的香气散发出自然的诱惑，引来了贪嘴的飞鸟啄食。于是这株植物的种子随着迁徙的鸟群到了地中海，到了亚平宁半岛，到了欧亚大陆的最西端。鸟群播种下的种子，在第二年湿暖的海风到来时，悄悄地从土地里冒出了尖尖的小绿芽。

冬去春来，年复一年，新生的植物也如先辈一样结出了深郁、透紫的果实。一些没有被贪嘴的鸟儿看中的浆果落入泥土中，在一些看不见的小生命的作用下，慢慢地发生了奇异的变化。它流出的汁液香气变得更加玄妙、更加诱人，动物们会循着香气寻找这些自然诞生的神奇饮料，并畅饮作乐。

热爱饮用这种饮料的动物，就包括了人类。

这种后来被人们称为"葡萄"的植物，成了人类历史上最重要的农作物之一。而用它的果实酿造出的神奇饮料，也被人们称为"葡萄酒"。

人类的历史是与葡萄酒紧密相连的。它紧密地联系起时间与空间，在人类走出旧大陆的史诗里面，沿着人类迁徙的路径生根发芽，开枝散叶。与葡萄酒有关的文化、历史和传说，穿插在人类发展的故事中。今天的葡萄酒与古时的或许存在不同，但它依然扮演着今人与古人穿越时空对话的时间胶囊。

在迪迪埃·努里松（Didier Nourrison）教授的书中，我们可以看到古人与现代人与葡萄和葡萄酒之间的种种故事。在《圣经》中，挪亚在滔天洪水过后种下一株葡萄以示世界的新生；中世纪，葡萄酒作为药物拯救人类……这种神秘的饮料与人类的生命和生存息息相关。新的纪元，人类走向海洋与世界各地开展贸易，开发新航路，葡萄酒肩负着地域文化走向世界的重任。但不为人所知的是，围绕着葡萄酒的关键词，除了健康与神圣，还有着一抹关于战争、暴力及道德败坏的晦暗色调。

人类的发展历史从来都不易：走出伊甸园后的人类在历史长河咆哮的浪涛中饱受风吹浪打，一如葡萄在年复一年的生长中所经历的风霜雨露。万物的生长从来不是理所当然的事，好的结果也并不常有。但我们知道，当甜美的汁液被酿成美酒后，我们可以放心地将它交付给时间，因为时间总能给我们答案，还有慰藉。

在这本书里，努里松教授冷静而客观地讲述了葡萄酒与人类历史的种种纠葛。在我学习酒文化的十年之际，我很高兴有机会与努里松教授对话，并将他的研究成果翻译成中文，与中国的读者们分享。在学习的过程中，我到过很多国家，拜访过很多酿酒师、葡萄种植者、贸易商，以及消费者，试图从他们的口中去了解爱上葡萄酒的理由。失落时一杯助你入眠的波特酒，兴奋时一杯为你助兴的香槟，每个人从接触到爱上葡萄酒的契机与理由都不尽相同。从葡萄酒发展的历史里，古人和今人对葡萄酒的热爱又有什么样的不同？在这本书中，也许你能找回葡萄酒曾经给你带来的那份悸动，理解你爱上葡萄酒的理由。

我的曾祖父是一名酒商，而我的祖父在福雷（Forez）地区拥有大片葡萄园，葡萄酒早已经流淌在我的血管里，与我血脉交融。葡萄酒的历史对于我来说，也是家族历史的一部分。正在看这本书的读者，不管你是来自乡村还是城市，也肯定与葡萄酒有着千丝万缕的联系。

我们所有人都应该知道"葡萄酒"为何物：一种由葡萄发酵而成的饮料。但近代的词典中还给"酒"（vin）① 这个词赋予了更广泛的意义：植物汁液中部分或全部的糖经过发酵而得到的酒精饮料。词典中列举的核桃酒、棕榈酒等均可归于此类。历史上，人类一直努力界定"vin"这个模棱两可的词：例如大麦"酒"，米"酒"，枣"酒"，苹果"酒"，花楸"酒"，梅子"酒"，由茱萸果或其他掉落到地上的果实而制成的"酒"等。一直以来，这种供人们饮用的饮料有着太多不同的定义："古代"的酒可以说与"现代"的酒基本没有相似之处，不仅仅是质量或者产量上不一样，而是有本质上的不同。以前，人们要求酒必须"天然且质量够好"，不过那时候我们没有任何仪器或标准来判断什么才是"好"的酒。葡萄酒被定义成一种"加工"产品是在 19 世纪后期。那时候葡萄酒的产量翻了几番，可假酒大量出现并被包装成须课赋税的开胃酒出

---

① 这本书所有外文拼写皆出自法语版原文。——编者注

售。于是，1889 年 8 月 14 日通过的《格里夫法案》规定，葡萄酒必须
是由葡萄果实发酵得来的天然产品。像加酒精、浸泡、加糖这些在发酵
后进行的操作，虽然也算是"酿造"葡萄酒的工艺，但随着时代变迁已
不再符合法律规定。后来葡萄酒被风土和品种的概念规范起来。这种法
律上的规范形成于 20 世纪上半叶，从 1905 年 8 月 1 日颁布的法律开始，
这种约束的基准确立起来了。到 1935 年，法律正式规范了原产地命名
控制的基本原则。

此外，像我们这样的葡萄酒爱好者或者是酿酒师，描述葡萄酒时
常常会以一种很抒情的方式进行诗意升华：将其颜色谓为"酒裙"，气
味谓为"香气"。当然，给葡萄酒贴上这样的标签虽然可以描述一瓶酒
的性质与形态，却没法触及更深层次的东西。葡萄酒并不仅仅是一件物
品，它更是一份奥秘。安静躺在酒瓶、木桶、酒壶等密闭容器中的葡萄
酒，在人们举杯相庆时荡漾出欢乐，落入我们的肠胃之中，静静地冲刷
着我们的感官，让我们平日里的本性发生了神奇的变化。

葡萄酒安睡于酒窖中，时代的昏暗与蒙昧加深了它那份晦涩的神秘
感。在酒桶的深处，酒醪（压榨后的葡萄）缓慢地发酵，而直至 19 世
纪这一过程才被完全研究清楚。在发酵过程中，酒仿佛在喧嚣与呻吟，
似乎在向我们倾诉着什么。

与几十年来法国高考文科考试所出的题目相悖，"我们一直坚持认
为欢笑并不是人的特质，而饮酒作乐才是。我们不是像野兽一样单纯地
喝酒，我们想要说的是，要喝新鲜而好喝的酒"。开宗明义，拉伯雷将
人性寄托在他的酒里面。杯中的酒液与人类没什么两样。作为饮者，是
存在的本质。在法语中，"喝"（boire）这个动词单独使用时，就是专指
饮用葡萄酒。在法国所有的词典里面，不管是 1690 年出版的通用词典

或是今天我们看到的各种典籍，"饮者"（buveur）这个词的第一词义就是饮用葡萄酒的人。

除了作为一种消费品，葡萄酒还扮演着社交场合的主角。看看两个人相遇时，如何各自恭谨地向对方道干杯。从古至今，我们都习惯用右手去举起酒杯、酒樽或者酒斛等酒具，因为如果不是在饮酒作乐这样放松的场合，人们的右手举起的通常就是利剑了。因此，干杯成了一种和平的手势，成为人性的第一基石。酒杯举起的同时也带起了手肘，这个动作建立起了人与超自然以及神灵的力量之间的联系。这种联系衍生出了"宗教"（religio）一词，宗教的本意即是阐明人与造物主之间的联系。人们随后放下手臂彼此碰杯，酒杯间的碰撞象征着一种横向的平等关系。最后，双方各自向对方道一声"祝您健康"（À votre santé）。这声祝酒词除了祝愿彼此饮下这杯酒后获得健康外，也给予了一份永恒的祝福。完成这样的仪式后，双方才能够饮下杯中琼浆，并将这份相遇的喜悦融入心头。葡萄酒的历史，其实就是人类的历史。

总体上，我们谈论的是葡萄酒对我们感官的作用。专家们认为，葡萄酒是"精神类"药物，在药理上它是一种"病原"，或者从诗人的角度来看，葡萄酒是让人亢奋的源头，它大大地改变了我们的认知能力。对于葡萄酒，我们往往习惯将其比喻成人：它老气横秋，或活力逼人；它成熟稳重，或毛毛躁躁。总之，葡萄酒的历史是独特的，它的历史就是我们人类的历史。

但是，葡萄酒的历史依然还是一片未被开发的处女地。历史学家们依然很少去研究葡萄酒的历史。关于葡萄酒历史的研究通常是由地理学家来开展的，并且得依靠他们建立起相关的研究专业：从法国地理学家罗歇·迪翁到让－罗贝尔·皮特，之间还有菲利普·鲁吉耶，他们一一接过了研究的大旗。直到 1970—1980 年，对葡萄酒历史的研究才迎来专题性以及方法性的革新。这就是所谓的"新的历史"，着重于对饮酒的文化层面进行研究。费尔芒·布罗代尔（Fernand Braudel）、尚−路易·弗朗德兰（Jean-Louis Flandrin）、马塞尔·拉希韦（Marcel Lachiver）和吉贝尔特·加里耶（Gilbert Garrier）是最早提出"葡萄酒文明"的学者。21 世纪，一些研究机构如图尔欧洲历史及食品文化研究院、巴黎饮料研究所以及一些高校的表象史研究中心对葡萄酒历史的研究也取得了突飞猛进的进步。

葡萄酒的历史也很快受到了大众媒体或者领域内专业人士的关注。如《法国美食评论》（*Cuisines de France*）在 1950 年改版成为《法兰西美食与美酒评论》（*Cuisines et vins de France*）。在《法国葡萄酒评论》（*Revue des vins de France*，1970）和《波尔多葡萄酒爱好者》（*L'Amateur de bordeaux*，1981）诞生之后，又新创开办了一本名为《酿酒》（*Œnologique*）的杂志。连美食杂志也开始很乐意去讲述葡萄酒的历史。《酿酒师评论》（*Revue des cenologues*）甚至还从 1988 年起增加了两个关于葡萄酒史的版面。

但在同一时期，葡萄酒也引起了公共健康"卫士"们的关注。利益对立的群体在发展，其中经济、政治、社会的各种利害关系变得混杂。围绕着 1991 年颁布的埃万法（Loi Évin）的各种争论一直没有停过。一些人想到的是果实，而另一些人已经想到分子层面去了。一些人看到的是与葡萄酒相关的风土条件、栽培方式与文化背景，而另一些人却想到了葡萄酒的毒性和它对公众健康及安全的威胁。总之，对葡萄酒史的研究很多时候都难以摆脱外界的干扰。历史学家们往往被迫去选择阵营，而不是去耕耘自己的研究领域。

抛开这些复杂的局面和障碍，我们选择为这份热情拼搏。这份工作十分庞杂，因此在开始讲述之前需要先列出提纲。从非物质的神话到遍布全球的葡萄藤，我们一直会谈到法国。这个国家现如今拥有多达 500 多块不同的产区，然而我们创造了什么样的历史呢？在今天的历史学科分类里面，我们交出了一份野心勃勃的答卷：葡萄酒的历史首先应该是一门文化史，它不仅涉及孕育出葡萄的土地以及酿造、销售的过程，还涉及饮用葡萄酒的不同人群，以及他们的心理状态、知识水平和生活方式。葡萄酒这一"领域"的研究还是一门新兴的学问，因此关于葡萄酒历史的研究并不应仅仅局限在经济或是社会方面，而应更多着墨于它丰富的文化内涵。葡萄酒研究这一领域触及了酿造的劳作，以及不同时代饮酒行为的变迁。饮酒的历史包含了人类对时空、对文化（宗教、艺术、文学）的消费和享用。实际上，福楼拜（Flaubert）在《庸见词典》（*Dictionnaire des idées reçues*）里面对葡萄酒一词做了表字与表意上的描述："（它是）人们谈论的话题。其中最好的就是波尔多（的葡萄酒），就连医生都把它当处方。而越差的葡萄酒，越能够体现它的天然属性。"正如福楼拜所说的那样，葡萄酒的天然属性与文化和人们对美味的追求相结合，诞生了葡萄酒的文明。

Mythes et mystères, de la préhistoire à l'histoire du vin

1

葡萄酒的传说
与神秘故事

第一章
中东地区的创造

　　从考古学及古文的研究里，我们绘制出葡萄酒历史的形成过程：它起源于大中东地区地中海盆地东部。地中海盆地覆盖了从亚美尼亚到伊朗和埃及之间的广袤土地。早在公元前数千年，被驯化的酿酒葡萄（Vitis vinifera）品系被证实种植在小亚细亚干旱的山丘上。为了让葡萄真的能够扎根于这片土地，人们首先需要定居下来，并建立起能发酵这些果实的基础设施。在伊朗的一座小山丘上的古城遗址中，人们在一个陶瓮表面"发现"了第一个葡萄酒容器的证据。但这是否就是葡萄酒的起源一直存在着争议，而科学家们对此也显得十分保守："在伊朗的哈吉·菲鲁兹·泰佩（Hajji Firuz Tepe）遗址中发现的陶瓮（公元前 5400—公元前 5000 年）距今有着 7 000 多年的历史。这个新石器时代的陶瓮内壁上附着着黄色的残留物，被证实是酒石酸以及树脂的混合物。这可能就是最古老的葡萄酒以及最早的酿造工艺存在的证据。"但这到底是葡萄酒、啤酒，还是油脂，或是葡萄酒醋？这样的学术讨论最终会对立地来到神话的真实一面，保留着疑惑和各种迷思，留给人们丰富的想象空间。

　　每一个社会都有属于自己的神话。对葡萄酒的幻想来自中东地区的神话体系。古希腊人在墙壁和坟墓上刻下关于葡萄酒的神话故事。人与上帝之间的故事由像美索不达米亚的《吉尔伽美什史诗》（ *The Epic of Gilgamesh* ），或者是巴勒斯坦《圣经》这样的典籍流传开来而形成一种传统。这些典籍里承载着葡萄酒的故事。

美索不达米亚一方

葡萄酒来自遥远的东方，这一点已经从词源学上得到论证——希腊语单词 oinos 衍化出拉丁语中的 vinum 一词。在这段衍生史中，伊特鲁里亚语起到中间媒介的作用。伊特鲁里亚语属于印欧语系，而迈锡尼语中的 wo（i）-no 以及阿卡德语中的 inu 这些表述葡萄酒的词根都来自伊特鲁里亚语中的 wVn 词根。要考据葡萄酒一词的根源，首先要研究底格里斯河与幼发拉底河沿岸诸国，即美索不达米亚这个文字诞生的摇篮，同时也要研究生活在这片土地上、讲着印欧语种的人们。

来自美索不达米亚的文献证实，葡萄酒来自远方，来自亚美尼亚以及叙利亚的那些连绵不断的山丘上。在美索不达米亚，葡萄的种植带来了葡萄酒的贸易兴起。在那时候的巴比伦，人们将葡萄酒称为"山间的啤酒"（sika sadi）。美索不达米亚文明最早提及葡萄酒的文献是拉格什城邦的统治者乌鲁卡基那（Lagash Urukagina）于公元前 2340 年所写的一篇铭文。文书中提到他在山上修筑一个"用来保存'啤酒'酒罐的储藏室"。

到公元前 2000 年，苏美尔人的文献重新勾勒出了吉尔伽美什的史诗。这份描绘了乌鲁克城邦之王生平的英雄史诗被刻在 11 块泥板上。吉尔伽美什因朋友及伙伴恩奇杜（Enkidu）死亡而感到慌张，进而出发寻求苏美尔（Sumer）的古老君王——曾建造方舟拯救人们于洪水中的智者乌塔 – 纳匹西丁姆（Uta-Napishtim）的指示。众神的能力让他平静下来，并赐予他永生的能力：被赐福的葡萄所酿成的饮料带来永恒的生命，因为葡萄是一种"驱除死亡恐惧的植物"。总之，这就是历史上第一个提出葡萄酒有益的记载。然而吉尔伽美什并没有从中获得任何好处，西杜丽（Siduri）女神提醒他说，永生应该永远是众神的特权。在西杜丽女神开在路边的小酒馆里，当人们在餐柜前起舞时，女神对吉尔伽美什说："吉尔伽美什，你急匆匆地要去哪里呢？你寻求的永恒生命，你将永远找不到……你，吉尔伽美什，要满足你的胃口，你要纵情声色，夜夜笙歌。"从此，对于那些信奉神明的人来说，葡萄酒披上了危险的外衣。与此同时，在别处，大概是公元前1750年前后，著名的《汉谟拉比法典》也有类似的禁令："那些为凡人打开寺庙酒窖的女祭司，要被处以火刑。"

于是，葡萄酒就成了一种贵族专属的东西，是留给诸神和王子们享用的。对于赫梯人来说，葡萄是繁殖与生命力的象征。像建造新宫殿的仪式，靠近坟墓的城市和住房的洁净或者祭奠仪式（即对诸神的献祭）都与葡萄有着很深的关联。在赫梯人的神话长篇《库马比之歌》（Le Chant de Kumarbi）里，葡萄酒也担任主角：石头巨人乌利库米（Ullikummi）在饮用甜美的葡萄酒，而美丽的女神阿斯塔特（Astarté）则试着阻止乌利库米的神明配偶巴力（Baal）进入他的房间来饮酒。这本赫梯人的神话著作记载在从哈图萨（Hattusa）出土的平板上，广为人知。哈图萨是古时赫梯人的首都，位于安纳托利亚（小亚细亚）中部四面环山的一个区域。在赫梯语里面，葡萄酒被称为"wiyana"，而在苏美尔语里面，则被称作"GESTIN"。在两种语系里面，葡萄酒被形容为"红的"，"白的"，"好的"，"蜜糖般的"，"新的"或是"尖刻的"。"GESTIN"这个词字面上的意义是"生命之树"，它预示了后来酒神神话与基督教神话里"葡萄酒与生命"之间深刻的内在联系。

继续向东方走，葡萄酒也同样出现在各地的神话中。在波斯神话体系里面最具象征性的《阿维斯陀》（波斯古经）里，描述了一段传说：

国王贾什德（Jamshid）杀死了一条正在攻击一只美丽小鸟的毒蛇。而这只美丽的小鸟获救后，送给了他一颗小小的种子，种子长出了葡萄藤。但收获后的葡萄果实被收藏在陶罐里后，开始冒出气泡并散发出奇怪的味道，让人联想到有毒的东西。一位后宫的妃子因为失宠而被驱赶出宫，心灰意冷下想着要自杀，于是喝下了陶罐里的东西。然而这饮料居然十分美味，让这位妃子心情都变得欢快起来。她把这饮料拿给国王尝过以后，得到了优厚的赏赐。贾什德甚至下令从今以后全波斯境内所有的葡萄都必须用来酿造葡萄酒。由于这则传说，葡萄酒在伊朗还被称为"Zeher-i-khos"——"怡人的毒药"。同时，这则故事也告诉我们，妇女从来没有远离葡萄酒，她们有能力去制作出这样一种极具诱惑力的饮品。

《圣经》故事与葡萄酒

在希伯来传统里，葡萄酒被认作"犹太一神教最忠诚的伙伴"。考古学的证据支持了犹太神话的这一说法，反之亦然。

根据《圣经》上的记事，葡萄诞生于创世后的第三天——耶和华创造植物的时候。但葡萄酒获得宗教地位则是在大洪水之后。毋庸置疑，最早在《创世记》中记载的"智慧之树"，可是引诱了亚当和夏娃的一棵……苹果树啊！耶和华上帝警告挪亚，他将要用一场洪水摧毁堕落的人类。显然《吉尔伽美什史诗》吸收了上帝降下洪水这一概念，且希伯来人也被长久地围困在巴比伦城中。上帝要求挪亚建造一艘方舟来装载动物和植物，挪亚就带了一些葡萄藤上船。在历经40天不间断的大雨后，滔滔洪水覆盖了大地，挪亚的方舟随波逐流，最后搁浅在可能是今天的亚拉拉特山（Ararat，在现在的土耳其和亚美尼亚河的岸边）上。洪水退却后，挪亚打开了方舟上的大门。他的三个儿子，闪、含以及雅弗相互协作重建世界。挪亚在一片松软的土地上开始了工作："挪亚，这位农民开始种植葡萄。"（创世记 9:20）借由这颗"生命之树"他酿出了美酒。因此，挪亚成为第一位酿酒师。在犹太教的传统里，葡萄便扮演上帝与人类产生新联系的果实。同样地，葡萄园也成为天与地、上帝与以色列人联系的象征。（以赛亚书 5:7）

这则《圣经》上的传说在最近的考古研究中获得了新生。2007年，一支由国际考古专家组成的队伍在亚美尼亚南部的瓦约茨佐尔省（Vayots Dzor）亚拉拉特山脊之上发现了一个头颅。头颅里甚至还保留了大脑组织，而头颅的周围还放着一些装着葡萄籽的容器。这些葡萄籽属于酿酒葡萄属萨迪瓦种（Vitis vinifera sativa），可以追溯到公元前4100年。这种葡萄原来为欧洲野葡萄品系，逐步被驯化后成为用于酿酒的酿酒野生葡萄种（silvestris）。从挪亚走下方舟那一刻算起，人类栽培葡萄，压榨出葡萄汁，已逾 6 000 年时间。

2010 年在同一地区，考古学家发现了用于酿酒的工具以及面积达 700平方米的建筑群遗迹。这项颇具历史性又显得十分神秘的发现，刷新了对这段葡萄酒史话的第二段征程。考古学家辨认出了深藏在洞穴中的一个压榨器以及一个黏土制的发酵罐。压榨器的底部由黏土制成，约 1 平方米大小，深 15 厘米，里面有导管可以将葡萄汁引流到发酵罐中。发酵罐深 60厘米，可以装 52~54 升葡萄酒。除了压榨器以及发酵罐，遗迹里面还发现了葡萄籽，压榨过后残余的葡萄梗，干燥的葡萄藤枝条，陶器的碎片，一个用牛角制成的精美酒杯以及一个用来喝酒的圆筒形碗。

人们发现的这个古老酿酒作坊位于亚美尼亚东南部一个被命名为阿伦尼1号遗址（Areni-1）的山洞里。阿伦尼1号遗址的名字来自附近的一个村落，如今这个村落依然以葡萄种植业而知名。人类社会最早的一批葡萄种植者有可能是高加索地区一个古文明——库尔诺－阿拉克希（Kouro-araxes）人的祖先。这个遗迹周围分布着十几座坟墓，让人联想到葡萄酒可能也扮演着对亡者祭奠的角色。

在外高加索地区，考古学家找到了亚美尼亚高原上出产了第一瓶葡萄酒的证据。在格鲁吉亚和亚美尼亚平原上的哈尔普特地区，考古学家在那些公元前4世纪至公元前3000年前的土层里，发现了另外的一些葡萄籽。按照俄罗斯葡萄酒作家亚历克西斯·荔仙（Alexis Lichine）的说法，高加索地区的这一部分，可以称为"葡萄的故乡"。当地流传的神话里面有一位掌管植物、葡萄以及葡萄酒的女神——赛潘达尔马兹（Spendaramet），被认为与希腊神话中的德墨忒尔（Demeter）和波斯神话中的斯彭塔·阿尔迈蒂（Spenta Armaiti）是同一位神明。这种神话传说的相似性，进一步证实了葡萄酒在中东地区的出现。

让我们重新回到《圣经》里希伯来人的故事中。有一天，年轻的含发现他的父亲光着身子醉醺醺地喝着用他的葡萄酿出来的酒（创世记9：20-22）。于是醉后不能自控的挪亚又获得了第一个"酒鬼"的头衔。含看到父亲的裸体心生嘲弄，跑到外面去告诉他的两个兄弟。他的两个兄弟则尊敬地为他们醉酒的父亲盖上毯子。《圣经》中的这一节强调了家庭关系的重要性，还有对乱伦关系的严厉禁止。葡萄酒在这里成了一种揭露内心想法和态度的吐真剂。再后来，亚伯拉罕的侄子罗得的两个女儿对他犯下了无可弥补的错事。当他们逃离倾覆的索多玛以及蛾摩拉城后，他的两个女儿将她们的父亲灌醉，以为她们的父亲"存留子孙"

（《创世记》19:24-38）。

以色列人的部落经历了无尽的迁徙、关押与驱逐。在来到迦南，在约旦河谷地区定居下来之前，希伯来人在乌尔、巴比伦和埃及就已经认识到了葡萄酒的珍贵价值。虔诚的希伯来人历经40年来到《圣经》中所提到的应许之地。这是一片《圣经》上所说的那种流淌着牛奶、蜜以及葡萄酒的地方①。每个部落挑选出的12个男人，进入了迦南这片应许之地，摘下了一大串代表着新生联盟的葡萄，罕见地发出了赞叹：这片应许之地是如此备受恩赐（民数记13:7~23）。葡萄像彩虹一样，是一种吉兆，并象征着宇宙的规律以及自然的繁衍。

从此，葡萄酒渗透进希伯来人的生活中，接着进入犹太人的文化里。上帝与他的子民的关系被寓意在种葡萄的人与葡萄园的联系里（以赛亚书5:7）。《圣经·雅歌》里将这种人类与灵性存在之间的关系比喻成一种爱的宣告，并把它歌颂出来：你的双乳比美酒更甜美；"你的口像上好的美酒……""直流进我情郎的咽喉，轻柔柔地流进熟睡之人的嘴唇"。相反，不好的采收年份则见证了葡萄藤被破坏，人们抢夺美酒，标志着人类对上帝的不忠诚。

葡萄酒的这种两面性也道出了人性的弱点：它一方面作为神明的恩赐给人带来内心的愉悦，另一方面它邪恶的一面让人犯下致命的罪行。饮用葡萄酒这一行为当然是受鼓励的，但人们必须对自己酒后的行为负责。禁酒并非必要，除了在主持宗教仪式的祭司，或者是处于离俗时间内的奉献给上帝的离俗人（Nazir）（民数记6:2~4）。然而，酗酒会引起

---

① 《圣经》原文中并未提到葡萄酒，这里是作者根据上下文多次提到葡萄酒种植的地方所推断。——译者注

感官情欲的放纵以及精神错乱，被严厉地定义为渎圣的罪行。

自这些不明晰的时代以来，葡萄酒一直在犹太人的宗教仪式上出现。每个星期的第七日是犹太教中的安息日，从星期五的晚上到星期六的晚上，需要绝对地留给休息和礼拜，以纪念创世的第七天。星期五的晚餐通常以一杯葡萄酒的祝圣仪式（Kiddouch）开始，到了安息日结束则要举行被称为哈夫达拉（Havdalah）的分离仪式。仪式里，会用一杯葡萄酒进行两次赐福祈祷。一年中这些宗教节日都在往复地给人们饮酒的机会。在赎罪日斋戒之后，信徒们热衷于饮酒吃肉。在像以斯帖节（Fete d'Esther）、普珥节这样以欢庆闻名的节日，美酒更是必不可少。至于犹太教的复活节，整晚要分四次饮完一杯葡萄酒。到了犹太教的新年（Rosh Hashanah），更是以欢乐地饮用甜酒而知名。在家庭和集体生活的两个重要节点——婚嫁与出生上，所有的祝福仪式都少不了斟满的美酒。

埃及：首个有确凿证据的长期栽培葡萄的区域

在埃及，关于葡萄种植活动的最古老的遗迹在 20 世纪 80 年代被发现。这处遗迹位于蝎子王一世的坟墓中，距今 5 100 年。但最早有迹可循的葡萄酒酿造工艺仅可以追溯至公元前 3000 年。在位于阿拜多斯（Abydos）的乌姆·卡伯（Oumm el-Qaab）城市公墓发现的浅刻浮雕上，我们找到了葡萄采收和压榨时的场景，还刻画着一些装满白葡萄酒的陶罐。这座公墓里还埋葬了提尼斯王朝的第七任法老王瑟莫赫特（Semerkhet）。这些浮雕上刻画的葡萄有些被揉碎，有些被送去直接压榨，而收集的葡萄汁液又被送去发酵澄清。如果没经历过酿造过程，这些葡萄酒是没法长久保持红色的。

在兹姆里·利姆（Zimri-Lim）王宫中，一些记载着公元前13世纪马里（Mari）地区葡萄酒贸易和饮用情况的记事泥板刷新了我们的认知。这些文献记下了曾经存在着好几种有着本质上不同的葡萄酒。其中最好的是一种叫塔砵（Tâbum）的酒，应该是一种甜酒。泥板上还记载着一些没被详细说明性质的红葡萄酒，陈年老酒，以及用桑葚和没药调味的加香酒。在埃及古王朝时期，葡萄酒被严令仅供法老和他的近臣饮用。文献中还详细提到皇家的餐桌上是常年供应葡萄酒的。这种装满陶罐的美酒从商人的手中精挑细选源源而来，证实了这个国家（尼罗河三角洲地区）的酒有着罕见的上乘质量。葡萄酒进口量在当时很可能很大，而且税收后的收益也十分可观，文献上有记载：有600坛葡萄酒被分两次给了一个叫阿巴坦的船工，而另外2 300瓮的葡萄酒则运给了一个叫梅普坦的商人。在卡尔凯美什（Karkemish），葡萄酒的价格是马里的1/3，甚至可能用德尔夸（Terqa）地区出产的酒来勾兑。

自新国王（1554—1070）即位，葡萄的种植遍布了整个埃及，使得葡萄酒产量获得了巨大的提升，人们将这些酒仔细地封存在酒坛里面。古埃及人在花园的凉棚里面栽培葡萄，通常还会一起种植一些无花果树。公元前14世纪，太阳的儿子——图坦卡蒙在尼罗河三角洲的法尤姆开辟了一片"葡萄酒果园"，用来栽培葡萄。拉美西斯三世（Ramsès Ⅲ，1198—1166）在法尤姆种下了著名的葡萄品种卡米·卡莫（Kami-Komet），还有像乔塞尔（Djoser）这样的葡萄，用来酿造被誉为"荷鲁斯之酿"的葡萄酒。

埃及的葡萄酒种类繁多，其中大部分为白葡萄酒，有名的包括被称为"舍得"（shedeh）的葡萄酒和名叫"塔尼约蒂克"的葡萄酒（Le taniotique）。至于甜酒，一种叫尼德姆（Ndm）的甜酒被研究甚多，此外还有一种名为"内法尔"（nefer）的酒也十分受人关注。"耶普"（Jrp）是一种白、桃红以及红葡萄酒。"帕乌尔"（Paour）则是干型，有酸味甚至有点儿苦的葡萄酒。尼罗河三角洲的几个地区，如玛瑞提斯（Maréotique）、赛班尼迪克（Sébennytic）和塔尼约蒂克（taniotique）都是葡萄酒的产区，一直都非常有名，这些产区的名字甚至成了酒的标签。古埃及人会在酒罐上书写酒所属的葡萄园、酿造者以及灌入酒罐的年份。在图坦卡蒙的陵墓里发现的 26 个酒坛上面就如法炮制，甚至还记录了："（图坦卡蒙皇后的，即公元前 1329 年前后）第四年酿造……来自阿吞神庙的甜葡萄酒……祝您健康！来自西岸的首席酿酒师阿普尔索普（Apereshop，古埃及著名酿酒师）。"

原则上，葡萄酒是专供政界或宗教精英阶层饮用的。葡萄酒通常与神明联系起来，特别是与不断重生的神明欧西里斯（Osiris）相联系。其中一部分原因是葡萄酒会引起类似于中邪一样的醉态，被看作一种在接纳入教仪式上与神明沟通的工具。另外一部分原因是，葡萄酒的红色让人联想到血液和永生。拥有超凡能力并能让人复活的欧西里斯同样也是掌管葡萄的神明，他完美地象征了重生以及生命的往复。再来看看建在切卡·阿布·古纳什（Cheikh Abd el-Gournash）丘陵上的"葡萄之墓"，这座坟墓是为当时统治底比斯的法老阿蒙霍特普二世（Thèbes sous Aménophis II）的贵族斯尼夫鲁（Sennefer）而修建的。在坟墓的顶棚上绘有葡萄藤，让人想起欧西里斯的神话。然而，上面所描述的却是"欧西里斯的粉碎者"塞尔木（Shermou）。塞尔木肢解了欧西里斯，因而成为压榨机和酒窖的保护神。毕竟需要拆解掉旧的秩序，才能诞生新的世界。

　　除了庙宇或者其他祭祀的仪式上，埃及的葡萄酒还被送上君王的餐桌。埃及人民每天只能饮用一点点啤酒来咽下面包和蔬菜：即便尼罗河的水被认为是神明的精华，人们也不可能放心饮用。在当时，有一种"小酒"（也许是大麦酿的酒）日常被大量饮用。在田里干活儿的工人和苦力，把酒装在小酒罐里随身携带，在干活儿的间隙喝上几口。在一些重大场合，人们才可能更容易地接触葡萄酒。在布巴斯提斯（Bubastis），祭祀玛瑞提斯葡萄酒女神哈索尔（Hathor）的日子被称为"酗酒之日"。这一天，人们打开一罐罐葡萄酒，尽情畅饮至烂醉。而在当地神明芭丝特（Bastet）的节日里，根据希罗多德的记载（《历史》，第二部，78页），他一天饮用的酒比普通人一整年还多。

　　埃及人也会饮用进口葡萄酒，特别是来自叙利亚的葡萄酒。我们确定，这片地区的经济和政治流动建立在西奈半岛沙漠的两端。在一位法老的陵墓里，人们找到了"来自黎巴嫩山上的黑酒"的记录。

　　一些文人也会做出烂醉如泥的丑态。埃及文学里记载，有人常在葡萄酒和啤酒间犹豫不决。以下是历史上第一份关于禁酒的文献。

　　　　有人告诉我，你已经不再关心写作，而将自己放纵在欢乐中。

　　　　你蹒跚地走过一个又一个酒馆。啤酒带走了你所有的尊严，它迷惑了你的心灵。你就像一支破碎的舵不知道前往何方。你就像一个私人的神庙，像一座没有面包的房子。

　　　　遇到你的时候看到你正忙着跳上墙壁，人们正在逃离你那危险的击打。

　　　　啊！如果你能明白葡萄酒是一种让人厌恶的东西，你会诅咒那些甜美的酒。你会不再去想那些啤酒和那些来自国外的葡萄酒。

　　我们会教会你用笛子的声音去唱歌，让你用双簧管的声音去吟诗，让你用竖琴的声音去吟唱《Pointu》，让你用齐特拉琴的声音去抒写篇章！

　　你就这样坐在酒馆里，被高兴的女孩儿们包围着。你渴望这倾诉和追寻你的欢乐……你就这样面对着一个散发着香水味，颈上戴着花圈的女孩，敲打着你的肚子。你晃荡着倾倒在地，浑身是污垢。

　　在这封信写成的时代，欧西里斯已变成了罗马人的酒神巴克斯（Bacchus）。而埃及则实际上进入了葡萄酒与饮料的地中海时代。

第二章
地中海地区葡萄酒

　　葡萄种植和葡萄酒的饮用从美索不达米亚、叙利亚和埃及（公元前 3000 年）等地发迹，于公元前 2000 年传播到希腊的大陆地区和克里特岛后，又来到了意大利半岛上的伊特鲁里亚、罗马等城邦。从公元前 1000 年开始，它缓慢但逐步向地中海西岸延伸。随着人类航海活动的开展，人员、思想以及货物的流通得到了进一步的加强。于是，葡萄酒在精神和物质两方面植入了西方社会。公元 98 年，古罗马皇帝图密善（Domitien）曾试图下令让军队拔除种植在高卢土地上的葡萄藤，可惜这道法令下得太晚，已经没有任何政治力量能够抹除葡萄酒在经济和社会上的影响。饮用葡萄酒已经成为地中海饮食习惯的一部分。

游吟诗人的故事

通过游吟诗人的口口相传，我们还能听到那些古老而动人的传说故事。在那些叙述中，我们经常能看到葡萄藤的身影。早在公元前 4 世纪至公元前 3 世纪，出现了最早的一批作家，如荷马、赫西俄德、希罗多德、欧里庇得斯和提奥弗拉斯特。他们投入很大的热情去撰写游吟的歌曲，歌颂对酒神狄俄尼索斯（Dionysus）的崇拜。由此，他们创造出了一种带有地中海氛围的大众文化。

酒神狄俄尼索斯首先是葡萄及葡萄酒的化身，同时他具有植物的力量与生机、繁茂不朽和亲近大众等属性。此外，他还代表着暴力及酒醉后不时出现的焦虑感。狄俄尼索斯是一位放荡不羁、飘忽不定、让人不安的神明。

狄俄尼索斯的生命轨迹充满各种碰壁。他是宙斯和塞墨勒（Sémélé）所生的儿子。宙斯因为赫拉的嫉妒而不得已杀死了怀孕的塞墨勒，将胎儿缝入自己的大腿中，狄俄尼索斯才得以降生。狄俄尼索斯出生后被托付给山林水泽的仙女们，由长着尾巴和山羊蹄子的萨提尔（Satyres）和老迈的贤者西勒努斯（Silène）养大。他藏身在一个山洞里，洞口被一根葡萄藤遮盖。狄俄尼索斯就用这株葡萄藤的果实酿酒，饮下这"葡萄酒"后，他获得了神奇的能力：随手截下一根芦苇，就轻易戳穿了最坚硬的石头。他的神力让石头上的豁口流出了最美味的酒。狄俄尼索斯成为半神的存在，他发现了被忒修斯（Thésée）深深厌倦并抛弃的阿丽亚娜（Ariane），并马上爱上了她。为了让她高兴，狄俄尼索斯亲手给她戴上冠冕，这顶王冠变成了满天星辰。狄俄尼索斯娶了这位年轻的女孩为妻。

狄俄尼索斯的一生就是一长串的欢歌。他带领由萨蒂尔、仙图尔及酒神女祭司组成的军队打败了印度人。有趣的是，这支军队的兵器只是狗尾巴草。他们头戴由松木枝条、常青藤和它的果实编织的头冠，敲锣打鼓地作战。在他的队伍里，潘神、普里阿普斯、西勒努斯这些人物在历史上因残暴而留名。在一些古希腊的陶器上，常常描述着这帮人发酒疯的场面：人们曾发现有希腊的双耳爵上绘有一个红色的俄诺皮翁绘像①。画面描述的是，他在狄俄尼索斯的眼皮底下装满了一个酒坛。而另外一个林神萨蒂尔则感叹道：hedus oinos（多好的酒啊！）。这些日常节目反映了葡萄酒在古希腊的一项重要功能：社交性。每到春天，在雅典的酒神节，整个城邦会被欢乐和愉悦所"灌溉"。这种人与人之间的情感交流，确保了居民可以融洽地共同生活，而且这样的活动消除了人与人之间的争执。这种社交活动，与"圣餐"中饮用葡萄酒的模式有关。如果用词源学来解析，它也意味着"好好与人分享"。

历史的种种枝节在这里理出了线头。狄俄尼索斯的故事传播到埃及，进入了冥神欧西里斯的神话故事中。从狄俄尼索斯的故事中，埃及人学会了农业以及提取蜜糖的艺术。狄俄尼索斯也因此成为亲手播种下葡萄的酒神而广受爱戴。在另一个传说中：善妒的赫拉派出一头盛怒的公牛，将狄俄尼索斯的情人——年轻的林神安珀罗斯撞死。葬礼上，伤心的狄俄尼索斯在安珀罗斯遗体的伤口上放入了给神明的祭品。于是宙斯同意赐予安珀罗斯第二次生命，并将她变为一株葡萄藤。狄俄尼索斯摘取葡萄藤上的果实并酿出了最早的葡萄酒。这株藤上的葡萄散发着献给神明的祭品的香气，用那上面的葡萄酿成的酒成为狄俄尼索斯对安珀

---

① 俄诺皮翁，狄俄尼索斯之子，希俄斯的传奇之王，据说他将葡萄酒酿造的工艺带到岛上。——译者注

罗斯深深思念的寄托，这种意象升华成一种极乐的痛楚。于是，人们将葡萄酒与带有神性的饮品联系起来。安珀罗斯（Ampélos）的名字也通过葡萄种植学（Ampélographie）这一专业词语流传下来。

狄俄尼索斯虽是神明，却与人类的生活密切相关。当狄俄尼索斯隐姓埋名到处游玩的时候，一位名叫伊卡里奥斯的雅典农民接待了他。为了感谢他的热情好客，狄俄尼索斯教会了他如何制作葡萄酒。伊卡里奥斯想去和其他人分享这份来自神明的好意，便去找了一群羊倌。羊倌们喝了这种饮料之后觉得很不错，也不兑水就大口大口地喝完。结果喝醉后的羊倌却以为伊卡里奥斯下毒害他们，就将他杀死了。这个故事告诉我们的是，无论是对人还是对酒，在欣赏的同时也要留一个心眼。人类和神明的命运在此交织。还有一个关于狄俄尼索斯的故事：他向阿伽门农和克吕泰墨斯特拉之子俄瑞斯忒斯传授了种植葡萄及酿酒的艺术。俄瑞斯忒斯的近人嘱咐他要在酒里面加水来减轻酒精的作用。然而这份劝告并没有意义，俄瑞斯忒斯最终还是走上了弑母的凶残之路。

在荷马的史诗中，英雄和造物主们总是有好的理由去喝酒。他们喝的酒叫作契科隆（Kykeon），是一种混合了大麦和蜜糖的酒。它的用途主要是舒缓压力以及用来招待客人。在喀耳刻的传说里，在艾尤岛上的一位令人畏惧的女神，善于运用魔药，并经常以此将她的敌人以及反抗她的人变成怪物；她那些漂亮的侍女，是这样去接待奥德修斯的："其中一个侍女在扶手椅里放上亮丽的织布，第二个则在布置一张纯银的桌子……第三个侍女用一个银酒坛装上混合了蜜糖的甜酒，又拿出了黄金做的杯子。"[1] 在《伊利亚特》一书中，摆在英雄面前的难题就成了：喝黑

---

[1] 出自《奥德赛》，第十章，第352~357页。

的酒（纯酒）还是"红"酒（兑了水的酒）。在荷马的史诗里，英雄们的酒量都很好。"王中之王"阿伽门农就沉迷于酗酒。勇猛而又一本正经的阿喀琉斯多次指责他这种毫无节制的喝法。最终阿喀琉斯怒气冲冲地抢走了阿伽门农的酒袋，并指责他："喝酒让你昏了头，你的眼神就像狗一样狂妄，你的内心却像鹿一样羞涩。"

另一位英雄涅斯托尔（Nestor）的酒量比他们好太多了，他的酒杯从来都不离身，就像皮埃尔·拉鲁斯（Pierr Larousse）说的那样："诗人在描述涅斯托尔的酒量的时候，就像在描述阿喀琉斯的盾牌一样。"这些故事的发展都是由葡萄酒推动的。当普里阿摩斯与阿伽门农会面时，他们达成了停战的意向："信使们抬着结盟的祭品穿过城市，这些祭品包括两只羊羔和装在山羊皮里那些让人愉悦的葡萄酒，还有从土地里长出的甜美果子……"，还有"所有人一边从双耳爵中倒出美酒，一边乞求着永生的神明保佑"。当赫克托尔（Hector）的母亲找到他，让他重新战斗时，她说道："再等一会儿，我给你拿一瓶蜜酒，让你去奉献给你的父亲宙斯和其他永生的神明。然后你喝下它，便会恢复活力，因为这酒可以让疲惫的战士恢复气力。"而"戴着闪亮头盔"的伟大的赫克托尔回答道："不要给我甜美的酒，敬爱的母亲，我怕我会变得软弱，丢掉我的力量和勇气。我怕用我肮脏的双手去为宙斯奉上纯净的葡萄酒。"

这些神话故事告诉我们葡萄酒是如何让人放浪形骸，又如何于人有益，以及如何让人变得鲁莽轻率。这些故事将葡萄酒铭刻在人类的内心与记忆中，它们不断地被各种艺术与文学作品所引用，同时也构筑了西方的文明。

腓尼基人的冒险与希腊人的葡萄酒传奇

葡萄的扩张以及葡萄酒的运输有赖于古希腊人以及腓尼基人的贸易往来。他们之间的贸易很快便占据了地中海的海上航线并在其周边地区生根发芽。

腓尼基人起源于闪米特民族，他们曾生活在美索不达米亚肥沃的新月地区。腓尼基人在地中海边上建立起了属于自己的城邦国家，如乌加里特（Ougarit）、提尔（Tyr）、西顿（Sidon）、比布鲁斯（Byblos），并在公元前2000年开始在黎巴嫩和前黎巴嫩山上种植葡萄。同一时期，最早的希腊人，一个来自乌克兰平原的印欧血统民族——亚该亚人，在色雷斯定居，并让世人知道了他们的葡萄酒。在当时，那些来自伊思马拉山上的葡萄酒已经很有名了。希腊城市塞萨洛尼基的考古博物馆里收藏着一尊名为德文尼的双耳爵，上面描绘着牧神与巴克斯的女祭司一起在葡萄架下跳舞的画面。从公元前12世纪开始，多利安人侵略希腊半岛，并寻求各个城邦之间的政治经济融合。在希腊内陆部分的多山地带上，多利安人种上了葡萄。同样的农业活动还发生在爱琴海的岛屿以及小亚细亚的希腊国土上：如希俄斯、法诺斯、萨索斯、特摩罗等地。这些地方出产的葡萄酒变得很有名气，向当时还不了解这些"野蛮人"的希腊世界展示了其真实的一面。许多浮雕、塑像、绘画和陶罐证实了荷马最早的记述，并证实了自公元前2000年以来人们对酿酒文化的强烈向往。希腊人和腓尼基人争先恐后地在地中海的平原地区展开探索和占领。他们对这块区域数不胜数的迁徙发生在公元前1500—公元前500年。

大概在公元前11世纪，随着腓尼基人建立了港口城市加的斯，伊比利亚半岛葡萄种植的历史也拉开了帷幕。西班牙最早的葡萄种植出现在安达卢西亚的东南部。这些葡萄园分布在弗龙特拉的赫雷市和巴拉梅达的桑卢卡尔市等区域，不久后这里就以出产白葡萄酒而出名。这些白葡萄酒在加入白兰地后，就成为菲诺（Le Fino）和曼察尼亚（La Manzanilla）这两类著名的雪莉酒。西班牙的考古学家们在安达卢西亚遗址中找到了公元前750年前后关于"祭酒"仪式的证据。腓尼基人在公元前814年建立了迦太基城，并在西西里岛、巴利阿里群岛以及北非沿岸发展商业。他们在地中海的南段传播了腓尼基文化以及葡萄种植。

　　公元前8世纪到公元前6世纪，希腊人在希腊半岛到黑海之间建立起了多个殖民地：从佛西亚到特洛伊，一直延伸到希腊世界的亚洲部分。在地中海西部、意大利南部和西西里岛上的殖民地结合成了大希腊地区。这是殖民的鼎盛时期，希腊人向西方卖力而深远地推进到这些地方：西西里的锡拉库萨，意大利海岸，科西嘉岛上的阿莱里亚，法国本土的尼斯、昂蒂布、阿格德，加泰罗尼亚的安普里亚斯等。沿海到处建起的葡萄园毗邻着商业圈，驱动人们建立起了一座座颇有活力的新城市。最早一批殖民者是那些给当地人民带来葡萄酒的商人。到了公元前6世纪末，新来的殖民者是一些农民，他们种植了这些地方最早的一批葡萄。在上述地区，发现了几个有着大量葡萄籽集中的遗迹，证实了当时人们发酵葡萄的生产方式。这些遗迹分布在普罗旺斯环礁湖边上的高卢地区，罗纳河口的马蒂格岛屿上，以及埃罗省的拉特斯等地。考古学也同样证实了人们最早用平底或者尖底的陶罐来运输葡萄酒（公元前7世纪末期采用希俄斯式陶罐，公元前6世纪采用雅典式陶罐）。

　　生活在希腊位于亚洲部分的佛西亚人有着天生的冒险精神。这股精神驱使佛西亚人在古高卢南部的一些地中海小海港定居下来。通过分析那些关于特洛古斯[①]、游斯丁、优西比乌或是波利比乌斯的传奇故事，古马赛的建立时间被学者们确认是在公元前 600—前 590 年。当时远征队的领袖普罗迪从现今的马赛老港下船后，很快便在这片新土地上建立了新的佛西亚城[②]。他娶了当地高卢首领的女儿为妻，并亲手种下这里的第一株葡萄。至少今天在马赛老港的马赛博物馆里，我们还能够了解到当年的这段故事。考古学的研究也证实了马赛周边的葡萄最早出现在公元前 4 世纪。

看得出，对于希腊人来说，葡萄是生活中必不可少的元素。支撑地中海聚居群的三大支柱，除了葡萄，还有小麦和橄榄树。在古希腊人看来，葡萄酒可以分成三类：白葡萄酒、桃红葡萄酒及红葡萄酒。在克里特岛上，人们在希腊阿卡尼斯的考古挖掘中发现了世界上最早的（直到现在还是）葡萄压榨工具。古时以希俄斯岛地区（出产红葡萄酒）为首的优质产区在地中海沿岸享有盛名。但按人们今天的口味，当时这些葡萄酒是没法下咽的，这些酒有着糖浆一样的质感，还混合着葡萄籽。这样的酒必须得兑水才能喝下去。因此，这样的葡萄酒必须装在双耳爵里面，这样的容器也成为希腊文明的一个象征。最出名的双耳爵是一个叫威克斯（Vix）的容器，它被发现于一位高卢王子的坟墓里。所处的时期是在高卢被罗马占领之前，位置就在靠近如今金丘的塞纳河畔沙蒂永市。

希腊的酒农中出现了许多伟人，在历史上也因成为伟大的酒徒而流芳千古。例如亚历山大，或者称为亚历山大大帝（公元前 356—前 323 年）就是其中的领军者和典范。像这样特别的一位人物，他短暂的充满

---

① 古罗马历史学家之一，著有《腓力比史》的缩编本，该书在中世纪流传甚广。
② 曾为安纳托利亚西海岸的一个古老的爱奥尼亚希腊城市。——译者注

征战的一生，大概只能用他对生活的强烈欲望来形容。还有腓力二世的儿子同样是一位伟大的酒徒，他由智者亚里士多德抚养长大，虽然大多数人觉得在这样的教育下他应该是滴酒不沾的。话说回来，就像狄俄尼索斯一样，亚历山大大帝出征印度并凯旋。根据编年史的记载，他也像狄俄尼索斯一样去过埃及并在那里种下葡萄，他"醉心于葡萄酒，有时候喝醉了，他便睡上两天两夜"。诗人米南德在喜剧《奉承者》里面对着两位角色说过："你们喝得就跟亚历山大大帝一样"；"到我了，都一样"；"这是无上光荣的"。亚历山大大帝的英雄往事里有着很多这样关于葡萄酒的逸事。他甚至还鼓动酒徒之间进行竞争。"在陪伴亚历山大大帝征服印度的贤者卡拉姆斯死后，亚历山大大帝在他的葬礼上为表敬意，设立了一个奖项，颁发给那些最优秀的音乐家、最优秀的诗人以及最优秀的酒徒。能够打败场上 35 位冷血的竞争者，饮得最多的那一个人，他金子般的天赋理应获得奖赏。脱颖而出的那位酒徒将得到 4 孔格思（约莫 16 升）的葡萄酒。"甚至连亚历山大大帝也是因为过量饮酒导致酒精中毒而死："亚历山大大帝在赫费斯提翁死后的庆祝活动里，要来了两大罐葡萄酒来致敬马其顿的普罗提诺将军，想要当面灌倒他。这名马其顿人接受了来自国王的挑战，要来了同样的两陶罐葡萄酒，当面饮下以回敬国王。亚历山大大帝接受了他的挑战，勇敢地喝光了满满一陶罐的酒。然而不久之后，他就一头倒下了，人们把他抬上床。两天之后，亚历山大大帝就离开了人世。"

　　尽管如此，在古希腊，除了某些特定场合，人们对于饮用葡萄酒还是十分克制的。酒精作为一种精神药剂，常常被视为与神明和社团里的其他成员进行沟通的工具。另一方面，酒精也能抚慰希腊人遥远的思乡之情。某种意义上，葡萄酒成了一种垂直（与神明沟通）以及横向（与人沟通）的交流工具。

悲剧诗人（公元前 5 世纪）欧里庇得斯创作的《伊翁》和《醉酒的女人》等作品里描述了一场座谈会形式的盛宴。这是一场希腊式的男性社交活动：讨论人的精神与心灵，隐喻了当时的政治环境。这样的聚会里从来不会有没意义的内容。同样地，这一场活动也是一种自愿去崇拜狄俄尼索斯的宗教行为。饮用葡萄酒在宗教群体的带动下演变成了一种宗教仪式。

"大厅里挤满了人，我们看到来宾们头戴着花环，内心因为丰盛的菜肴而感到愉悦。在喝完一杯简单的开胃酒后，一位老者走向人群，他的热情举动带动了来宾的欢笑：他给每个人手上的器具倒上水，时不时熏蒸起没药的汁液，时不时又自告奋勇地去给来宾递上金杯。最后换上了长笛型的杯子，大家一起饮用双耳爵里的酒。老者对着众人说：'扔掉你们手中的小酒杯。让我们换上更大的杯子，在愉快的气氛中尽兴。'于是宾客们开始觥筹交错。"另外，作品中还提到："这种来自葡萄的液体让人摆脱对极度贫穷的忧思，他们咽下这些葡萄的汁液，然后收获难得的睡眠，忘却日常的烦恼……在向狄俄尼索斯和其他神明祭酒的过程中，人们找到了内心的欢愉。"传统的祝酒词"祝福安康"（porter de sante）大概就是出自这里。曾记录下亚历山大大帝生平的古希腊女作家妮可布拉曾提到，大帝在一位塞萨利亚人的家里跟另外 19 位宾客共享宴席，亚历山大大帝向在座的嘉宾祝酒，说上一句"祝福安康"，一口喝完杯中的酒，然后对下一位宾客也是如此。

但希腊的女性是没有饮酒的权利的。出现在宴席上的女性，只有侍女或者是陪酒女。柏拉图的《会饮篇》里面，在被称为"会饮"的上层阶级宴席里，上流社会的男性落座开始喝酒时，女性就必须离席。葡萄酒促进了对哲学的讨论，但对于女性来说，她们是没有发言权的。女性被允许喝酒的场合只有她们作为陪酒女的时候。女性有时候也会偷偷躲起来喝酒，我们只有在公元前5世纪到公元前4世纪的几出喜剧里看到这种场面，还有就是在一些雅典的花瓶上画着醉酒女人的图像。这种记载虽然存在，但是太少了。甚至连巴克斯的女祭司喝酒也是很节制的。在很多个世纪里面，女性社交性的饮酒都是秘而不宣的。希腊语里面"酗酒的"（Methus）一词，也没有阴性的词形。作为女性，在那个时代饮酒实在是难上加难，想想都觉得难以置信！让人没法想象，简直是荒谬！

罗马人、高卢人与葡萄酒

罗马人大概是从伊特鲁里亚人身上学到了种植葡萄的技术。总的来看，在这一点上阿尔贝城（库里阿斯兄弟）是胜过罗马城（贺拉斯[①]兄弟）的。拉齐奥大区上的葡萄都是种在木质的柱子甚至是种在树上的，这样可以防止葡萄因接触地面而腐败。采收的时候，第一串葡萄要献给朱庇特，后面的葡萄要借用铜或者铁制的小剪枝刀剪下来。发酵并非在酒罐里完成的，而是在最初的一些工序中就已经开始了：像是用篮子运输葡萄，揉碎并压榨，接着装入陶罐里面——这就是古代被称为"多利亚"葡萄酒的酿造方法。

葡萄酒及葡萄酒文化的传播，与罗马人对外征战的不同阶段息息相关。在黎巴嫩境内的贝卡平原，这里有一座以古时候当地丰产女神命

---

① 参考画作《贺拉斯兄弟的宣誓》。——译者注

名的腓尼基人城市——巴尔贝克。在落入希腊人手中后，被更名为赫里奥波里斯，意为太阳之城。后来希腊人在这里建立了地中海沿岸最大的供奉酒神巴克斯的神庙。从公元前 2 世纪起，在非洲，伊比利亚以及高卢的市场上开始大量销售用罗马（后来被称为"意大利式"）陶罐装着的葡萄酒，这些酒不等同于那些用腓尼基或希腊式陶罐装的酒。这些罗马式陶罐被用橡木塞或者火山灰很好地密封起来。这些葡萄酒的出售中断了希腊人和腓尼基人之间的贸易往来：迦太基（罗马思想家老卡托曾喊出迦太基必须毁灭！）于公元前 146 年被夷为平地；迦太基毁灭的同一日，希腊唯一的强权——亚该亚联盟，在罗马人占领了科林斯后也解体了。

高卢人是地中海区域新兴起的强大力量，他们所建立起的葡萄酒市场给后人上了重要一课。在尚未被罗马征服的独立时期，高卢人极少饮酒，日常只喝水，以及新鲜或发酵过的奶制品。高卢人还制作出其他的一些发酵饮料，像用大麦发酵出来的啤酒，也被称作麦酒。还有一些用小麦酿造的啤酒混合了蜜糖，并浸泡着孜然调香。在一些特定的场合才会饮用葡萄酒：像是在出征前给战士们鼓舞士气，或者是在战斗结束后庆祝胜利以及为死去和活着的所有人致敬。古希腊 – 罗马的作家阿特纳奥斯（Athénée de Naucratis）写下了《欢宴的智者》一书，这本书记录下了斯多葛学派哲学家波希多尼在恺撒征服高卢前夕游历的见闻。"在一场宴会中，所有人围成一圈坐下……侍者从黏土或者是银制的细长瓶中给大家倒酒。对于富人，会送上来自马赛或者意大利的葡萄酒。至于贫穷的人，则会喝一些加了或不加蜜糖水的啤酒。他们都坐在同样的厅堂里喝酒，每次都喝得很少，但是他们会经常过来。"所以，这种葡萄酒和啤酒的对比反映的是社会阶级的分层。波希多尼声称："富人喝的都是来自马赛或者意大利的酒，这些酒都是不兑水的。"

由于高卢人没有喝酒的习惯，也不习惯往酒里兑水，所以他们的酒量往往很差。希腊和罗马的作家总是毫不客气地记载他们的各种鲜血淋漓、酗酒、狂野，还有各种蠢事。例如游斯丁、保萨尼亚斯还有后来的波利比乌斯都经历了同样的事件的磨炼：高卢酋长布伦努斯率领的高卢士兵十分贪酒。他们将德尔斐城洗劫一空，然后将这些战利品挥霍殆尽。"他们大饮特饮葡萄酒，在酒香中失去理智。"蒂托·李维声称，在那里，高卢人是可以用葡萄酒来收买的。一个叫阿伦斯的伊特鲁里亚人看着他的妻子被一个强壮的男人抢走，却得不到公正的对待。他在阿尔卑斯山脉藏下了丰富的葡萄酒，把高卢人成功地引到了他的国家。古希腊史学家西西里的狄奥多罗斯（公元前90—前20年）描述了高卢的贵族阶层是如何饮用这种新式饮料的，以及这种酒要比普通的色瓦尔酒强得多的效果："人们过分地热爱这种酒，他们喝光了商人给他们带来的饮料。他们狂热地喝着，直至醉倒昏睡。"最后，这种让人无法拒绝的果汁饮品让公元前1世纪的高卢人的侵略步伐变得更加容易。当时的凯尔特人在煮沸他们制作的葡萄酒，而罗马人不介意让他们流点血。"在同一夜，高卢人的营地里上演着最粗俗的搏斗场面，而到了白天，他们还沉睡在醉意中。"恺撒大帝曾说道。

希腊－罗马的作家们也同样提到腓尼基人在马萨利亚①的殖民地让高卢人种下了第一株葡萄，尽管当时已经有野生的葡萄品种出现。然而葡萄的种植一直被限制在地中海沿岸地区，即今天的纳邦地区。马萨利亚的商人和古代的利古里亚人在高卢地区特别活跃。而马萨利亚由于拥

---

① Massalia，即今日的马赛。——编者注

有港口，成为连接希腊和罗马其他地区的重要城市。"很多受金钱驱动的意大利商人，认为凯尔特人对葡萄酒的爱是赫尔墨斯（贸易之神）送给他们的礼物。"狄奥多罗斯写道。进口的意大利葡萄酒（伊特鲁里亚、大希腊地区）传播到了高卢的阿基坦地区：在公元前 2 世纪，庞贝城的葡萄酒已经带来了波尔多。

恺撒率领着他的军队在公元前 56 年翻过了阿尔卑斯山脉，开始入侵高卢并种下葡萄，开创殖民地。他的副手克拉苏（Crassus）占领了高卢阿基坦地区的两处平原。波尔多的凯尔特人市场被重新划分成小块，他还在吉龙德河的入海口处种下了第一株葡萄。那片地区古时被称为 "in medio aquae"（意为河流之间），即今天的梅多克（Médoc）地区。恺撒在高卢领地的丛林间作战，并于公元前 52 年告捷。罗马征服高卢之战最终结束，殖民时期开始。此后，高卢人变成了高卢 – 罗马人。

在基督教时代初期的法国，葡萄种植依然没有越过塞文山脉及迪朗斯河谷。在普罗旺斯的土伦市，考古学家发现了一处公元 1 世纪的遗址，这是一座埋在土下的伊特鲁里亚式建筑，被认为是一座地下酒窖。在高卢地区的内部，葡萄种植业的发展十分迅速。在罗马的维埃纳河流域，葡萄藤爬满了周边所有的丘陵（埃米塔日和罗迪丘）。考古学家仍然在圣罗伦达涅（罗纳大区）挖掘公元 1 世纪的一座有着葡萄园、酿酒设施（压榨、储藏室等），装饰着马赛克画的主人卧室，以及滗酒用的平地上的房子。恺撒于勃艮第（阿雷西亚、比布拉克特等地）停留的时候，并没有发现他曾在这里留下葡萄的痕迹。但勃艮第的葡萄很可能在公元 1 世纪的下半叶就存于这里。到公元 4 世纪（311 年或 312 年），亚历山大大帝的宰相欧迈尼斯发表了一篇赞扬君士坦丁大帝的演说，描述了这里种满葡萄的山丘：这就是勃艮第葡萄酒的开端。

葡萄种植的扩张，伴随的是种植谷物的土地减少。这可能与基督教的发展让当权者产生了忧虑有关，但葡萄种植的发展促进了葡萄酒的销售。以往葡萄酒由陆路通过骡子运输，而到了公元前2世纪开通了水路运输。公元1世纪，古希腊哲学家斯特拉波及公元4世纪的史学家阿米阿努斯·马尔切利努斯见证了这一点：河流上装满酒桶的大船将葡萄酒运到高卢的首都——里昂，在那里卸货。另一帮人通过大量的城市马车运输葡萄酒。

在古罗马时期，修建了一条从罗纳河谷地区一直通往布列塔尼及莱茵河谷的葡萄酒运输路线。而第一条在高卢地区修建的罗马大道——多米提安大道，构成了从纳博讷开始的东西方向葡萄酒运输之路，用于运输意大利、普罗旺斯以及朗格多克地区的葡萄酒。这些货物通过大江大河流入这个国家最偏僻的角落，有时也会通过改装过的马车由陆路运输。像在阿莱斯、塞文山脉，或者是罗纳大区的圣罗曼恩加尔等地，一程又一程的路途中会设立有中继的仓库。高卢人通过这些货物换取各种昂贵的商品，像是金属、谷物、牛以及奴隶等。这样的贸易十分繁荣，通常一个年轻的奴隶就能换到一罐葡萄酒（约26升）。根据狄奥多罗斯记载的公式："用一罐酒就能换到一个负责倒酒的人。"索恩河地区和罗纳地区那些"诺特人"有力的合作垄断了运输渠道。通常，葡萄酒在里昂卸下，然后用容量20来升的羊皮袋分装好转运，往西边的道路运往埃文纳（Arvernes），往东边的道路可以去到赫尔维蒂人的领地，大多数葡萄酒主要往北走，到达布列塔尼甚至大不列颠。

陶罐被引进和生产，变成了无可替代的装载容器。意大利的陶罐在拉齐奥、坎帕尼亚区和伊特鲁里亚生产。这些陶罐空罐重25千克左右，可以装25升的葡萄酒。底部是尖的，这些陶罐可以放在专门在甲板上掏出空洞的海船上运输，可以保证船在风浪中行驶时罐子不会倒下。第一种"高卢式"陶罐是平底的，适应马车运输并方便在店铺中摆放。这些陶罐于公元 1 世纪在阿基坦地区的纳博讷，或是在维埃纳生产。

陶罐因对海洋、河流及陆地考古起到的价值而为人所知，另一让它知名的是其在碑铭学上的贡献。有时候商人会用刷子蘸上黑色或者红色的墨水，在陶罐上记下货物的内容，像是来自西班牙瓜达尔基维尔河谷的橄榄油、弗雷瑞斯产的盐，又或者是纳博讷、贝济耶产的葡萄酒。生物化学家研究陶罐上的遗留物，来确定它们的来源。他们还研究出了里面添加物的痕迹，甚至能判断出它的味道。

陶罐在地中海地区的平原上被一直使用到公元 8 世纪。在西方，因为人们习惯使用木桶而长期忽略了陶罐的应用。

高卢人领地上出现的第一批木桶应该出现在公元前 26 年，由意大利北部的瑞替人所发明。这种由橡木条围成的木桶成为高卢人的"战争机器"。自然学家、古罗马作家老普林尼写道："帮助高卢人在深冬中取暖，驱散了冰冻的寒冷。""木桶"（Tonneau）一词来源于拉丁语里面的"Tunna"或者是"Tonna"，这也是高卢语中描述圆桶的词语，原意是"皮"，因为它最初指的是羊皮做的袋子。而另一个代表橡木桶的词"fût"，则是高卢人另一样充满智慧的发明，它不仅仅是一种用来装载和运输葡萄酒的工具。木桶的发明加强了高卢人的宗教凝聚力，高卢人对橡木林有着天然的崇拜，老普林尼认为："这是高贵的树木之神，它的枝叶为德鲁伊祭祀所需。而木桶则受凯尔特人的森林之神苏克鲁斯保护（即罗马神话中的林神西尔瓦诺斯）。"在现存的石雕上，苏克鲁斯的形象是一个成熟的男子，穿着高卢的宽松长裤，手里拿着带皮带的短锤。从手臂到肩膀上还挂着制作木桶用的木槌和一两根橡木条。苏克鲁斯被尊称为滋润大地的神明，保证土地的健康和良好产出。他是主管贸易的神明赫尔墨斯的补充，而作为高卢人的神明，赫尔墨斯最初也来自罗马神话。

高卢 – 罗马文明产出许多不同种类的葡萄酒。在马萨利亚周边，产出了深郁、浓厚却不为人知的好酒。人们更喜欢贝济耶附近沃克·亚雷科迈（Volkes-Arécomikes）出产的白葡萄酒。在老普林尼写的报告中，我们看到了一项让人颇为困惑的行为。在纳邦的沿岸，人们遵从着一项来自雅典人的习俗：他们在葡萄之间挥洒一罐罐的灰尘，来加速葡萄的成熟。然而尽管有这样的措施，还是不够的，人们在酒中加入树脂来调节酸度。一般来说，高卢人通过加热来让葡萄酒浓缩，但通常这样做也给酒带来损害。在高卢领地内的几处城市，特别是迪朗斯河谷地区，人们获得了一种"甜口的葡萄酒"，这样的酒是用冬天第一次结霜时候的整串葡萄来酿造的。更有甚者，老普林尼的报告中还提到，人们会常常将葡萄酒、草药和其他配料混合，像是芦荟等。这样做可以给酒加深颜色，并带来轻微的苦味。这样的酒跟那些产自意大利卡拉布里亚区、坎帕尼亚区、索伦托及法勒诺的葡萄酒差距甚大。

古代的酒与诗

罗马帝国以及罗马化地区所产的葡萄酒有着丰富的多元性。在帝国生活的罗马人根据原料的不同，对葡萄酒做出区分：

——**皮卡顿酒**，一种用阿尔卑斯松木树脂调制的葡萄酒。这是一种所谓的"树脂酒"，跟希腊人做的一样。

——罗拉酒，一种很差的酒，通过将葡萄酒的酒醪泡水后再制作。通常需要热着喝。

——波斯卡酒，一种加了葡萄酒醋的水。

——瓦帕酒，一种经过二次发酵的葡萄酒，需要冰镇着喝。

——穆尔孙酒，一种加了蜜糖的葡萄酒。在混合了蜂蜜的同时还加了树脂。这种酒通常在餐前喝。

——帕孙酒，用干葡萄制作，就像今天我们喝的稻草酒一样。

——皮培拉顿酒，用蜂蜜和香料调配的加香葡萄酒。

——德芙鲁顿酒，一种加热过的葡萄酒。

尽管有如此多的葡萄酒，罗马人其实喝得很少，而且也只是佐餐喝。像希腊人一样，他们用大的双耳爵装葡萄酒，人们用它来向神明祈祷，并祝福重要的人，像是先祖等。人们玩一种叫柯塔贝（cottabe）的骰子游戏，其间会讨论彼此的身体状况，还有其他哲学性的或是日常的话题，酒壶就在圆桌间传递。这时候，人们唱起古代典籍里批注的那些已经消失的歌曲，这些歌曲片段现在还时不时能在那些歌颂巴克斯和神明的歌曲中听到。

纯饮葡萄酒是很少见的。罗马人喜欢将葡萄酒加入蜂蜜和面粉，再加 1/3 或 1/4 甚至一半左右的水。人们一开始用西亚斯杯（Cyathe）喝酒，这种杯子很像现在喝甜酒用的玻璃杯，而后来人们用的杯子越来越大。聪慧的人民开心地喝三杯酒来感谢神的恩赐，或者喝九杯酒来致敬缪斯。人们会在宴席上选出一位所谓的"节庆之王"，然后让他决定每一个人应该喝多少杯酒，并驱逐那些不守规矩的人。

　　所有狄俄尼索斯式的习俗，虽然早在公元前 2 世纪就引入了，但不怎么受罗马帝国严肃文化的待见。公元前 186 年，一位议会顾问甚至禁止了宗教集会（thiases），这种活动是指一些宗教团体的集体活动，禁止的原因是它可能会导致社会分裂。罗马帝国所谓的"可以溯源至特洛伊"的历史并不足以马上推动希腊礼仪在其领土上传播。那些古代的智者甚至认为恺撒大帝就是个"酒鬼"，因为他身上有太多酒鬼的特征了；这样的行为削弱了政治的权威。罗慕路斯的后人推行了一套严格的道德规范，特别是针对女性的规范。那时的道德家认为"葡萄酒关闭了通往美好心灵的大门，而开启了罪恶之路"。当然，"那些煮过的葡萄酒是可以饮用的，这些酒用煮过的葡萄酿造，就像是那些产自希腊阿戈塞内和克里特岛的轻盈葡萄酒。当女人们觉得口渴的时候，这样的葡萄酒就可以慰藉她们了"。但对葡萄酒的警惕是任何时候都存在的："如果她们之中的某人喝了酒是逃不过被追责的。首先，妇孺是不允许掌握酒窖钥匙的，因为她们若这天喝了酒再见到丈夫和父母是会胡说八道的。同样，她们也不知道还会跟谁说话，与谁相遇，她们的罪恶就一直停留在身上了。事实上，如果少一些人喝酒，我们也没必要做更多行为规范引来大家的埋怨了。"

　　在帝国之下，其实道德观念没那么重。公元 1 世纪，爱情诗人奥维德喜欢上了一名爱喝酒的女士，但这位女士喝得很理性："还是要保持头脑清醒，你的智慧和行为不应该引起麻烦，眼睛看东西也不该有重影。"但嗜酒的人是羞耻的。公元 2 世纪，来自雅典的抽象派诗人法拉克（Phalaeque），以"科雷傲"（Cléo）的名字描述了关于醉酒的行为："科雷傲给了巴克斯一件紫色的长袍，底色是金色的。她经常穿这件长袍，因为人们常常看到她出现在宴席上，没有人能够抵抗住拿着酒杯的她。"古老的规矩越来越松弛，同样像诗人奥维德所说的："维纳斯和巴克斯的女儿们处得很好。"罗马人征服并占领了希腊半岛——想想如安托南人的君王，他引入了希腊人的道德观念，甚至将其执行得更彻底。狄俄尼索斯被换上了希腊的名字巴克斯，并被等同于意大利的古老神明"李贝·帕特"（Liber Pater）。那些与狄俄尼索斯有关的庆典便带上了"libérales"（自由的）或者"bacchanales"（巴克斯式的）这样的形容词。从那时候开始，庆典上充满了狄俄尼索斯的元素，猎豹、山羊以及牧羊人。这些传统的林神仙女元素带动了人们狂欢：

> 我们知道在高贵的女神身上发生的神话，长笛的声音刺激着人们的肾脏。在小号的乐声和葡萄酒的双重影响下，她们不再属于自己。神明普里阿普斯的女祭司们摇摆着头发，狂泣着。她们身上散发出想要拥抱的热切需求！那欲望的舞蹈中响起了多么响亮的尖叫！大地上流淌的葡萄酒洪流淹没了她们的脚踝。

一位名叫马夏尔的道德学者，在一篇给妇女们的讽刺短诗中，无脑地指责："《菲莱尼斯》[①]中提到的女同性恋者，不喝上七大杯纯酒根本就不爬上桌子！"对于他的朋友，尤维纳利斯[②]则谴责当时罗马帝国的道德败坏。他讽刺道：

> 当葡萄酒出现在这里的时候，我们还能期待有什么保留呢？她

---

① 古代的性手册。——译者注
② 另一讽刺诗集的作者。——译者注

（女士）可以在爱抚中迷失，当来到半夜时，咬住那些巨大的生蚝，同时抹去酒杯中的泡沫或是从贝壳型的酒壶中将葡萄酒灌下，她们看到了地板在摇晃而桌子上升起了无数的火炬。

新的宗教——塑造葡萄酒的地位

在耶稣于巴勒斯坦去世后（圣徒彼得和保罗则在公元 62—公元 64 年被处决），基督教来到了罗马帝国。在其教徒遭到一系列的迫害后（圣白郎弟娜在里昂殉道，这是罗马帝王尼禄的暴政），它终于被君士坦丁大帝所接受，而君士坦丁大帝也在 313 年成为基督徒。当基督徒们流尽了身上的血和酒后，基督教最终于公元 380 年，在狄奥多西一世的统治下成为国教。

《新约》里去除了犹太人喝酒的传统。先知们认为，耶稣来到世间是为了让人类准备进入天国（马太福音 26：29）。

迦拿的奇迹揭示了耶稣的神性。在一场婚礼上，他将六个壶中的水变成了每壶 100 升的酒（当然是很好的酒了），耶稣对见到这一幕的众人说：他是基督与人的结合（约翰福音 2:1~12）。现在传道的时间来了。耶稣常常受邀去那些共同分享的宴席上（法利赛人西门、撒冷、迦百农、拉撒路等）。他的到来为宴席带来了欢声笑语，人们尽情吃喝。而他的反对者指责他“贪吃”，甚至说他是“醉汉”（马太福音 11:16~19）。耶稣的隐喻中常常提及葡萄，他的劳作和成果。天父被比喻成“酒农”，人子成了“真实的葡萄”，而人本身则是“藤蔓”（约翰福音 15:1~8）。圣徒保罗的书信成为福音书（特别是路加福音），也一直在提醒醉酒的危险。

但"那一天快要来临",耶稣和门徒们进行最后的晚餐,并把耶稣比作葡萄酒:"我,是真实的葡萄"或"这杯酒是我的血,倒给你们饮用",不同的福音传道者会选择不同的说法。葡萄酒成了耶稣的血。然后他说到了天国后将一起饮用这葡萄酿成的酒。最后的晚餐是耶稣为世人赎罪的最后一程:面包代表肉体,葡萄酒代表鲜血。所以弥撒上就是纪念人与圣子之间联系的中心部分。在享用"圣餐"的时刻(或者说是"神圣的分享"),让人回忆起神圣的最后的晚餐:谁吃了我的肉体,饮用了我的鲜血将永生,我将在最后一天接引他。因为我的肉体是食物,我的鲜血是饮料。谁吃了我的肉体、饮了我的血就与我同在。看来喝酒是件好事。

从那时候开始,每当弥撒上提到对耶稣的纪念,都少不了食用面包并饮用葡萄酒。这种领圣餐的仪式在之后的十个世纪之中不断演变,基督教的圣杯取代了异教徒的酒杯。

2

La Féodalité du vin

葡萄酒的封建史
（5世纪—18世纪）

　　我们认为，西罗马帝国的覆灭（此后罗马帝国的东部依然持续了近一千年）是世界分裂的开始。我们可以想象，从公元495年至1789年（或早或迟）之间漫长的历史里，人们一直在酿造、运输以及饮用自己所处之地出产的葡萄酒。处于封建统治下的各个社会阶级，因为等级、地位的差异，在葡萄酒的消费上也存在着天壤之别。

　　如果我们回头看看正在形成中的法兰西王国，我们能够发现法国的葡萄酒产区是在缓慢演变的：卢瓦尔河谷、巴黎地区、香槟、勃艮第等产区接连出现。从特征上来说，这些产区有属于教会的，也有世俗的。葡萄酒经济，或者说一种尚未成型的葡萄酒行业，开始出现从生产者向消费者的流通——也可以说是从消费者流向生产者，毕竟需求决定了供给。

　　贵族和农民之间存在的阶级鄙视链，也让葡萄酒有了贵贱的区别。贵族的酒窖瞧不起那些平民的酒馆，大的酒商看不起小的葡萄酒商人。随着时代变迁，这里逐渐形成了不同葡萄酒产区、生产者以及饮酒者之间的阶级差异。

第三章
中世纪的饮酒史——和平使者

中世纪的诞生脱胎于基督教的宗教和地缘理念。对这一时期的划分，是西方基督教国家（包括拜占庭帝国）为了对抗北方的异教徒国家，以及东方、南方的伊斯兰世界而提出的概念。这些文明之间的关系是相互对立，还是依然存在交流的？事实上，葡萄酒在其中扮演了和平使者的角色。

公元 5 世纪时涌现出的各种修会，让僧侣们成为当时葡萄酒的代言人。这些谨守戒律、侍奉上帝的人，懂得如何种植葡萄和饮用葡萄酒。在民众看来，他们是有着高超品鉴葡萄酒能力的群体。他们的功绩传遍了整个基督教世界——或者说是传遍了今天被我们称为欧洲的地方。

欧洲中世纪正处于公元 5 世纪至 12 世纪的"蛮族入侵"时期。如果没有教会的酿造来保证供应贵族阶级的葡萄酒，在每年的大斋期，人们就喝不到酒了。有时候葡萄酒的消费甚至作为一种战术在战争中出现。书写于公元 12 世纪中期的伪特平编年史（Pseudo-Turpin）中，有着对公元 7 世纪加洛林王朝的记载。由罗兰率领的查理曼帝国军队打了败仗，但这场战役也体现了人们对葡萄酒的热爱。据称撒拉森人（Les Sarrazins）会将这种亵渎教廷的饮料走私给基督教徒：40 匹马装载上这些纯净甜美的葡萄酒，还有另外 1 000 个美丽的撒拉森姑娘。加洛林王朝的战士被这些美食以及奢华迷惑，以至于无力抵抗这些非基督教的势力。从这个角度看，葡萄酒称得上是来自上帝的武器。随后，葡萄酒的消费进入了稳定期，先是由教会性的贵族阶级掌管了葡萄酒的生产与消费，随后葡萄酒变得越来越世俗化。与此同时，大贵族们开始给下层阶级分封领地。

教会的酒

最早的一批主教保证了罗马帝国及国境内葡萄园的存续。他们的继任者则延续并扩大了这一葡萄酒帝国。公元 6 世纪，安茹地区的主教在这里种下第一株葡萄。公元 528 年，日耳曼主教治好了国王希尔德贝尔特一世，并因此获得了塞纳河左岸的大片葡萄园。其他的主教也参与了圣日耳曼德佩修道院的建立，这片位于巴黎盆地中部的土地也有着适合栽种葡萄的优良风土。这块土地主要由冲积土及黏土构成，而且通向不同地方的河道构筑成发达的水文网络，十分有利于运输葡萄酒。公元 5 世纪至 7 世纪，在墨洛温王朝的强大资源优势下，一张惊人的产区分布图得以勾勒出来：由巴黎往塞纳河下游走，直到伊西、默东、叙雷讷等地圈起来的圆环状地区酿造出不少好酒；同样，瓦兹河谷下方的孔弗朗和蓬图瓦兹也成为不错的葡萄酒产区；马恩河谷的下游，以及拉尼和诺让两地，也开始出产葡萄酒。当我们再往东部看看，为法国第一任国王克洛维加冕的雷米主教，也同样在香槟地区引种了葡萄。雷米主教的一个继任者，尼瓦德主教，在 662 年建立了欧维莱尔的圣皮埃尔修道院，之后的 1 000 年，这里诞生了香槟产区的重要人物唐培里侬。从这时候开始，加洛林王朝的主教们，像奥尔良主教提奥杜尔夫等人都被称为"葡萄酒之父"。

人们的日常生活里多了很多外来的文化元素。西方社会基本上被寺院、修道院以及遵循努西亚的圣本笃戒律的修士所统治，为的是能向大众传道。修士们的价值观体现在"克己"之上，修行的生活贯穿于工作以及礼拜庆典当中。修行所需迫使修士们要发展好各种能够维持生计的生产活动。圣本笃的戒律要求修士们要平衡修智及修身两方面。

本笃会戒律[①]

每个人的天赋来自上帝，但天赋因人而异。故而，当我们去调整别人的饮食标准时，切不可掉以轻心。在考察到最弱的那些人的体质之后，我们相信：为每人每天供应 1 埃米内的葡萄酒是足够所需的。

对于那些从上帝那里得来强大体魄的人，我们要保证他们应当获得一份特殊的奖励。

如果所处环境恶劣，又或者是工作（劳累），又或是因为夏日过于炎热而需要更多的（供给），那么以修道院院长的意志为先。但他首要注意的是不要让人们喝得太多或者是喝醉了。

我们从书中读道，在我们的时代，饮酒其实一点儿都不适合僧侣的生活，我们都会至少认为不应该喝得烂醉，因为酒会让哪怕是最贤明的人都背叛他的信仰。

如果现实贫困的环境不允许我们调整喝酒的量，哪怕是只有极少的供给量，甚至是一点儿都没有，民众也需要去赞美上帝而不得低声抱怨，因为上帝已经告诉我们要戒除埋怨。

在日常的饮食中，每天约 1/4 升（埃米内为古单位，相当于 0.27 升）的酒，足够僧侣们一日的营养所需。本笃会的戒律允许根据某些状况来调整饮酒量：像是炎热的天气、繁重的劳作、庆典等。本笃会劝诫人们要 "克制" ——这个词在当时是一个新词。"克制" 的反义词—— "酗

---

① 努西亚的圣本笃，从公元 6 世纪写于卡西诺山的隐修院的戒律中部分摘取，圣本笃会戒律，由普思博·吉朗热修士（Prosper Guéranger）翻译成法语。

酒"，这里应该解作"纵欲"，是要承担被指控为"叛教"的风险的，这一行为还会被延伸为所谓的"否认信仰""亵渎上帝"等罪名。格里高利一世（公元590年—公元604年在位的教皇）甚至更为严苛：在风行于整个中世纪的《圣格里高利的评论作品》一书中，教皇规定了九条死罪。其中第八条，暴食是一条针对教士阶级的罪名。在教会环境下诞生的饮食中，过度饮酒是一条确凿的罪名。相对地，那些自愿禁酒的人会获得特别推崇。

拉伯雷笔下的角色如让·德·安妥默弟兄所描绘的那种放纵酗酒的形象，跟现实中僧侣们的形象截然相反。僧侣的饮酒是理性而规律的。

然而实际上，教会却在鼓励人们饮用葡萄酒，因为像是拥有议事司铎及主教的修道院或教会是出产葡萄酒的，这些葡萄酒最初在弥撒上使用。弥撒用的酒可以是红葡萄酒也可以是白葡萄酒；这些酒从"神秘的压榨机"中流出，没有任何倾向性："葡萄酒的颜色是红是白都是随机的，没有必要去为葡萄酒是红还是白过于在意。"神学家托马斯·阿奎那曾于13世纪下半叶指出。但是为了不把葡萄酒跟水搞混，有一些教会（巴黎教区、克莱蒙教区）建议饮用红葡萄酒。直到公元16世纪，白葡萄酒才开始兴起，主要原因是它不容易弄脏衣物（米兰教会会议、阿尔梅里亚教区、马略卡岛教区）。不管是红葡萄酒还是白葡萄酒，中世纪时的时辰祈祷是绝对不能缺少葡萄酒的。时辰祈祷是每天都进行的，而饮用葡萄酒也作为圣餐的一部分进行，这样的习俗至少一直持续到了公元13世纪。

另一个饮用教会葡萄酒的场合是在朝圣者的餐桌上。修道院并不是隐世的，因为它还保存着供人们参拜的圣物。作为朝圣的中心，修道院还为走上朝圣之路的人们提供庇护以及饮食。所以，修道院其实还包括了给旅客的客房和接纳残疾人、老人的收容所。为了尽可能地满足这些人的需要，也为了满足僧侣们的口味，于是他们开始种植葡萄。

随着时间的推移，这些戒律也逐渐变得宽松，而一种宣扬回归最原始苦修主义的改革浪潮也让修道院重新执行种种旧制（格里高利制度、克吕尼制度、熙笃会制度等）。西方的修道制度成功并更富有竞争力地借鉴了圣本笃所描述的两种节欲方式。一些教会刻板地理解典籍中的语句：每天不能超过1埃米内的酒，最好是不喝。具体的例子是1082年由圣布鲁诺建立的查尔特勒修会，以及1140年由罗特鲁陛下组建的特拉普派修士。这些是最早一批不喝酒的修士，他们从来不会违背教会的戒律。另一类人则将戒律理解得较为宽松：每天至少要喝1埃米内的酒。

勃艮第大区成为两种修道教派争执的极好例子。勃艮第葡萄酒的生产可以溯源至罗马人入侵时期，而且一直都没有间断。早期本笃会在这里建立之时，僧侣们还是被允许保留和耕作这些葡萄的。从公元6世纪开始，勃艮第国王龚特翰就给第戎的圣贝尼涅修道院捐赠葡萄。公元7世纪，下勃艮第地区的安马杰公爵给今天已经消失的贝日修道院（贝日）奉献了哲维瑞（Gevrey）、沃恩（Vosne）及博讷（Beaune）等地的葡萄园。此外在距此不久的一个世纪之后，查理曼大帝也给索略修道院捐赠了阿洛克斯（Aloxe）的田地，这就是著名葡萄园科通－沙勒马涅（corton-charlemagne）的由来。

勃艮第地区最重要的本笃会修道院莫过于克吕尼修道院，建立于940年。这是一个很大的修道院，12世纪的时候，容纳了400名左右的僧侣，有着不同一般的威望。在所有的修道院里面，它拥有贝日的葡萄园和哲维瑞－香贝丹村里面属于修士们的山谷坡地。修道院及其下面独立的修道院对于法国内外的文化、农业以及酿酒业有着深厚的影响。值得一提的是，法国那些最大的修道院里虔诚的人们掌握着耕作葡萄以及酿酒的技术。沃恩省圣维望地区的克吕尼修道院拥有沃恩－罗曼尼的葡萄园。克吕尼修道院持有这块土地是来自 1232 年勃艮第女公爵的遗赠，另外修道院还持有弗拉热－依瑟索的葡萄园，其中最有名的当属大依瑟索园。

尽管老派的圣本笃鼓励遁世，但随着捐赠越来越多，修道院也变得越来越富有并开始腐败，就像一瓶酒没有好好地密封，空气进来后，这瓶酒就开始变质了。在克吕尼的教会里面，除了每天固定被称为"均分"（Justice）的 1 埃米内葡萄酒，从 12 世纪开始，僧侣们还能得到一份"布施的葡萄酒"，或者是一份皮蒙顿酒（pigmentum），这是一种源自古代的混合了蜂蜜、桂皮还有丁香的葡萄酒饮料。

一部分克吕尼修士希望重回正轨，即"禁欲苦修"。他们在莫莱斯密的圣罗贝尔指引下，于 1098 年在熙笃建立起了他们新的修道院。那里的生活十分艰苦，因为修道院的位置就在沼泽和芦苇地之间。但那也是金丘的山肩上最好的地带，面向太阳初升的方向，十分适合种植葡萄。且几公里之外有着古罗马时期留下来的从里昂通往特雷夫的大道，可以吸引旅者以及朝圣者前来修道院：毕竟他们必须得就近补给饮用水。所以修道院最早得到的布施也是来自这些人，而对于旅行者来说，葡萄酒就是最好的补给品。很快地，此处的修道院变得十分重要，很多信奉熙笃教规的追随者在这里扎根并建立修道院。从此所有的僧侣都拥有葡萄园：像 1147 年开垦的蓬蒂尼（Pontigny）葡萄园，是夏布利（Chablis）[1] 的前身；而不远处的丰特奈（Fontenay），则是丰特奈山丘（côte-de-fontenay）产区的鼻

---

① 法国勃艮第北部最著名的葡萄种植区，是顶级白葡萄酒产区。——编者注

祖。熙笃会在 1153 年一共拥有 343 家修道院，1300 年达到 694 家，也至少拥有同样数量的葡萄园。

熙笃会在种植葡萄的历史上最成功的一件事是拥有了勃艮第名园——伏旧园（Clos de Vougeot），这块葡萄园的土地是在 1110 年由香波的领主格里克捐赠给教会的。很有可能现在勃艮第产区"clos"（法语意为封闭、包围）的概念就是源自这块葡萄园：这是一片运作有序的葡萄园，全部种植着黑皮诺，园子周边由干燥的石头墙围起来，可以防止牲畜和偷庄稼的人的掠夺。同时，这堵石头墙还能够保存日间的热量来抵抗夜间的降温。以伏旧园为榜样，涌现出了其他的一些名园：如大德园（Clos de Tart），由达赫镇的熙笃会圣母院负责管理，还有香奈园（Clos de la chaînette），由欧塞尔（Auxerre）的圣日耳曼的本笃会修士经营，此外还有不少勃艮第的名园陆续涌现。"Clos"的概念出现之后，熙笃会的修士凭借经验再划分出了微风土"Climat"的概念。"Climat"描述的是一小块土地上的特有气候、地理、地形以及产物这些元素之间的强大联系。不同土壤之间的配合形成了葡萄酒的独特性，不同的葡萄田常常出产不同风格的酒，有时候甚至行与行之间出产的葡萄酒风味都有所不同。

熙笃会的僧侣也完善了酿酒的技术：他们建起了四个大型的压榨器，还有一个巨型的酒窖，用来储藏装有来自不同地方葡萄酒的橡木桶。伏旧园一直以来都是勃艮第最好的葡萄园之一，它出产的酒也是备受推崇的勃艮第葡萄酒，甚至从 1340 年开始就拥有勃艮第伯恩丘地区最好葡萄园的查尔特勒修会修士都没法与之争锋。然而在 1381 年，熙笃会修士获得了石头园（Perrières），同年还获得了布罗雄（Brochon）地区唯一的一块葡萄园：勒盖蓓龙园（le crais-billon）。

相对于勃艮第，法国其他葡萄酒产区的本笃会修士会更少一些，也显得没那么重要。但这些修士都善于开垦和兴建大片的庄园。在波尔多地区，修士们保留并扩大了古时留下的葡萄园。13 世纪的本笃会修士在梅多克地区拥有非常多的葡萄园，例如荔仙酒庄的前身康德纳克修道院酒庄（Château Cantenac Prieuré①）以及宝爵酒庄。另外两家波尔多名庄的建立也同样归功于本笃会修士：波美侯的修道士城堡（Chateau-des-moines）及圣爱美隆的金钟庄。波尔多地区也同样有熙笃会的修士存在，在靠近利布尔纳的地方有一座名为菲斯的修道院，它拥有拉图 – 塞古尔家族的城堡（Château de Latour-Ségur），还有白须酒庄的庄园。来到多尔多涅河谷，种植葡萄的园地十分靠近修道院：像靠近贝尔热拉克省蒙巴兹雅克的葡萄园，就是在教堂的土地上开垦。一些文献里还提到，16 世纪加亚克（Gaillac）地区的圣米歇尔本笃会修士已经在耐心地复种那些在英法百年战争中被摧毁的葡萄园。

阿基坦地区的修士甚至还参与到葡萄酒的贸易中。13 世纪，英国的约翰一世从穆瓦萨克的克吕尼修道院购买了大量的葡萄酒。14 世纪，加龙河畔的多尔多涅地区，还存在着由沃克莱尔地区的先民兴建的查尔特勒修道院。这里也是沙特龙港口的前身，是波尔多葡萄酒贸易的重镇。

在卢瓦尔河谷，昂热圣尼古拉区的本笃会修道院开辟出了僧石园（La Roche-aux-Moines）这片产区。这里的僧侣，还在 7 世纪的时候就改良了"勃艮第香瓜"这一葡萄品种。这种葡萄是麝香葡萄系的父本。后来在 10 世纪，布尔盖伊产区及它的葡萄园都是绕着修道院而开垦兴建。卢瓦地区的本笃会修士称他们的酒"可以给忧伤的心灵带来愉悦"。

---

① Prieuré 在法语中有修道院之意。——译者注

熙笃会的修士也在卢瓦尔河谷有过一段种植葡萄的辉煌时光。1234年，熙笃会在耶夫尔河沿岸修建了博瓦修道院，在修道院附近，修士们用来酿制白葡萄酒的田园后来形成了甘西（Quincy）、普喜园（clos-de-la-poussie）以及桑塞尔（Sancerre）等几个产区。

同样的情况也发生在阿尔萨斯，像瓦纳瑞园（Clos-in-der-Wanneri）以前就归属于中世纪时期的穆巴赫（Murbach）修道院。还有汝拉地区也是一样，沙龙城堡地区有大片由修女们建起的葡萄园，这些都是修道院圈地运动所造就的历史。

围绕着修道院开垦的葡萄园随处可见。1114年，沙龙的主教纪尧姆·德·香波重新修订了位于香槟区的修道院地契，将修道院的葡萄园及其他农业用地收归自己所有。这份地契后来被认为是奠基香槟区葡萄园的依据。然而，中世纪的人们只认香槟酒是从哪里来的，像艾镇（Ay）、锡耶里（Sillery）甚至是马恩河谷的"河酒"都是当时闻名的产区。甚至马恩河谷下游的塞纳河谷地区，瑞米耶日以及圣旺德里耶两座修道院都分别拥有自己的葡萄园（分布在加永、韦尔农、阿让特伊等几个产区）。在皮卡第大区亚眠市有一座被葡萄园环绕的修道院——圣阿葛勒修道院。这座哥特式的教堂外墙雕刻着两位酒农：一位正在修整葡萄枝条，另一位在采摘葡萄。在巴黎，蒙马特圣母院在1200年前后也曾有过约10公顷的葡萄园。这些葡萄园坐落在圣母院所在的小山岗上，还有一些分布在临近的晓梦地区。然而圣丹尼的本笃会的修士们也同样在巴黎地区的北部和东部拥有十多公顷的葡萄园，主要分布在新庭镇、科贝尔等地。在罗纳河谷，我们认为苏瓦永修道院的本笃会修士最早开发了科纳和圣佩莱两个产区。从他们所处的年代，一直到法国大革命时期，这里的葡萄园都一直归古斯卡兰的葡萄酒合作社所有。至于著名的教皇新堡产区，前身是阿维尼翁教皇 14 世纪建造的夏宫遗址，由查尔特勒修会的修士开垦成葡萄园。附近的查尔特勒葡萄园，正如其名是来自旁巴或是阿维尼翁新城（Villeneuve-lès-Avignon）的查尔特勒修会的修士开垦。

通过良好的管理，修道院院长与主教们确保了葡萄酒能稳定供应给他们的酒窖。谁拥有了酒窖的钥匙就代表了他们成为教皇的直系助手。教会的戒律阐明了选择保管钥匙的人的条件以及他们的职责。

熙笃会戒律第三十一章：修道院酒窖管理者的必要素质 ①

1. 我们将从社团中选拔一位富有经验、稳重而自制的人，不得是那种暴饮暴食、高傲、暴躁、不公、固执或是浪费的人。

2. 要服从上帝，就像他是众人之父一样。

3. 需要照顾众人。

4. 他要负责看管修道院里的所有物料，例如祭坛上的圣物。

酿酒所得的收入保证了修道院的部分生存所需。在巴黎的圣丹尼斯大市集，每年的 10 月会出售数百升来巴黎周边修道院的葡萄酒。圣丹尼斯大市集是由法国国王达戈贝尔特所创立，所出售的葡萄酒是由圣丹尼斯、圣日耳曼德佩、圣马丁田园、奥多尔圣热纳维耶沃或是圣摩尔等几个修道院所酿制。此外，城里的修道院有权利优先出售他们的葡萄酒。这就是所谓的"通告葡萄酒"（Banvin）。

公元 8 世纪的时候，圣丹尼斯修道院所拥有的葡萄园都分布在巴黎

---

① 来源：（金丘）熙笃会圣母大教堂陈列的《契据》。——作者注

北部丘陵一侧的几个地方：美丽城、蒙马特、蒙莫朗西以及阿让特伊的丘陵之上。当修道院自家葡萄园出产的葡萄不足以供应酿酒所需，它们便需要通过水路或者马车从其他地方征调葡萄酒。每年有着多达 80 万升—100 万升的葡萄酒沿着塞纳河和马恩河流入修道院的库房。巴黎的另外一家大型修道院圣日耳曼德佩从公元 9 世纪起就拥有多达 400 公顷的葡萄园，其中包括一些分布在巴黎南部延伸至东部的土地。这些葡萄园中有一半是由僧侣们在农奴以及其他从事农业的工人帮助下耕作的，而另外一半则是通过分成的方式出租给其他果农（通常征收一半的果实，被称为"mi-fruits"）。然而，僧侣们有时候也会抱怨得到的酒不够。有一位拉昂修道院的修士曾经用异教徒甚至是下流的口吻来撰诗控诉："酒神巴克斯可没有满足我们因为夏日而干涸的喉咙，而我们的肠胃灌满了肮脏的污水。"

另一方面，修道院长、主教和教士等高级神职人员也常常能随性地饮用葡萄酒，就连教会的首脑——教皇本人也不例外。历史上，教皇在 1309—1377 年住在阿维尼翁，而阿维尼翁也正处于罗纳产区的葡萄酒之路上。教宗的加冕和接待仪式也需要大量的葡萄酒供应：在克莱芒七世的加冕仪式上，人们总共喝掉了 16 万升葡萄酒。如果新堡地区（若望十二世开垦种植）的葡萄园不能出产足够的葡萄酒，那么人们就必须从其他地方调运葡萄酒过来，像罗纳河谷的吕内勒、尼姆和博凯尔，还有西乌勒河畔的圣普桑，以及伯纳等地区的红葡萄酒都特别受欢迎。可以说，修道院在葡萄酒品质提升的过程中起到很大的作用，而葡萄酒也同样走上了领主们的餐桌。

贵族的酒

在西方基督教观念里，社会由三个阶层构成：终日祷告的宗教阶层（这个我们后面会谈到）、终日劳作的劳动阶层，以及参加战争的军事阶层。为了巩固基督教的统治以及保护弱者，骑士阶层拥有军事力量。除了战马和武器，葡萄酒也很快成为权力的象征。上日耳曼地区的古语里面存在"动员令"（ban，词语诞生的背景正是来自日耳曼的"蛮族"拉开了古罗马帝国的帷幕）一词，动员令赋予了封建领主可以随时传唤其附庸子民的权利。其中，"采收动员令"里面规定了封建领主们奴役其附庸的子民（听命于领主而生存的佃农）去采摘葡萄的日子。到了采收之日，这些佃农被驱使到酿酒用的"压榨场"（或者称为征税压榨场）里去交付给领主的税。领主的庇护是一种社会行为，是由佃农向领主的酒窖中提供葡萄酒来确立并赋予价值的。实际上，领地上名目众多的征税，都可以归结为佃农上缴的那部分收获，例如装满马车的葡萄酒桶。

这些葡萄酒供养给军人每天的生活所需。具体的数据如今大多已经丢失散佚：14 世纪时，奥弗涅大区的莫霍尔领主家中有 20 人，他们每天可以分到 1.8 升的葡萄酒；而同一时期，强大的佛雷伯爵的儿子们每天却只能获得 0.5 升用鼠尾草泡过的调香葡萄酒。据估计，到了 15 世纪，士兵、守卫，领主，以及他们的近侍每天至多可以获得 2 升的葡萄酒。

对于骑士阶层来说，节日庆典就是出风头的时候。在这惯常的炫耀时刻里，领主需要展示出自己的强大和尊贵，他们会穿戴起自己所有的珠宝首饰，并用酒窖的标记来点缀餐桌。庆典上，骑士们尽情享受生活的种种愉悦，忘却平日的庸碌及困难，战胜自我，并献身于奢靡。在这样的场合，更重要的是维系与附庸子民、客人甚至是敌人之间的关系：

领主须始终表现得"慷慨大方"。记住一点是：这种社交的饮料在当时还没有被赋予情欲的色彩——在宴席上，人们需要在仆人、侍从的眼皮底下觥筹交错，他们需要懂得如何饮酒以匹配他们的地位。

宴席结束时，通常会来一点"料草酒"。料草酒会用不同的香料来调香，会用到芦荟、茴香、苦艾，以及其他各种香料。其中最著名的无疑当属希波克拉酒（Hypocras），一种被认为由医学之父希波克拉底改良的药酒。在《巴黎家政指南》（*Le Ménagier de Paris*，1393）这本最早阐述家居及烹饪经济的书中，给出了酿造希波克拉酒的配方：首先要准备希波克拉酒的料粉，取 1/4 加特隆[①] 精磨的肉桂粉（可以用牙齿检查一下精细度），1/2 加特隆鲜嫩的肉桂花，1 盎司[②] 清洗过的洁白生姜，1 盎司天堂椒，1/16 盎司肉豆蔻跟南姜的混合物，然后将所有这些香料一起捣碎。根据书上的说法，准备好制作希波克拉酒时，须取半盎司多一点的这种香料粉混入 1/2 加特隆的糖以及 1/4 加特隆的葡萄酒。值得注意的是，希波克拉香料粉与糖的混合物又被称为"公爵之粉"。从这个配方中，我们大抵能看出当时社会奢华的风尚以及对贵族消费方式的热切追求。

话说回来，在勃艮第公国的金羊毛（Toison d'Or）时代——1364—1477年［随着最后一任勃艮第公爵大胆的查理（Charles le Téméraire）逝去而落幕］——葡萄酒在外交领域大放异彩。自从卡佩王朝最后的血脉菲利普一世（Philippe de Rouvres）于 1361 年死于瘟疫后，他所拥有的领地被法国国王占领，瓦鲁瓦家族（Les Valois）成员成为新的勃艮第公爵。勃艮第公国在腓力二世（Philippe le Hardi）统治期间繁荣昌盛：他迎娶

---

① Quarteron，法国古代计量单位，1 加特隆≈125 克。——译者注

② 1 盎司≈28.35 克。——编者注

了菲利普一世的未婚妻玛格丽特·德·弗朗德尔（Marguerite de Flandre），而新任公爵夫人为他带来了布鲁日、安特卫普、根特、梅赫林以及布鲁塞尔等领地作为嫁妆。葡萄酒之城如博讷和第戎，均因其富丽堂皇而名声在外。在博讷市，主宫医院（Hôtel-Dieu）1443 年由尼古拉·罗林（Nicolas Rolin）主导修建落成。尼古拉·罗林为当时领地的掌玺大臣，他将主宫医院修建成壮丽的佛兰德斯风格。而在公爵宫（L'hotel des ducs）里的酒窖也很快就盛名在外，因为当时公国内所谓的"富贵时光"已经转移到餐桌之上。葡萄酒被装入饰有红宝石或大理石的有盖高脚杯内供人品尝。这些葡萄酒来自靠近第戎的尚奥夫村内的公爵园（Chenôve, Clos des ducs）、博讷产区的国王园（Beaune, Clos du roi）以及波马尔产区的公爵园（Pommard, Clos des ducs）。而在靠近沙尼市（Chagny），1380 年由玛格丽特·德·弗朗德尔获得的城堡旁边，也出产一款让这位公爵夫人深深迷恋的葡萄酒——"戈蓝"（Galant），它是一款由白葡萄酿成的酒，产自热莫勒葡萄园（Domaine de Germolles），成熟且盈溢着香料气息。

　　勃艮第葡萄酒成了奢华的象征。在佛兰德尔（Flandre），我们将其称为"富人的酒"。通常苦恼于攀升更高社会地位的贵族或者中产阶级都热衷于饮用勃艮第葡萄酒。它的意义在于维系社会关系，不论是商业上的还是政治上的。1371 年，腓力二世夺走了索恩河畔沙隆城（Chalon-sur-Saône）提供给阿维尼翁教皇和他的主教们的 36 大桶美酒。这些美酒，即便以我们现在的眼光看也可以称得上是特别的美味。后来，大胆的查理也常常赠送法国国王路易十一其酒窖中的私藏，即便他们之间是敌对关系。对于勃艮第公国来说，葡萄酒成为外交的有力手段。腓力二世也以葡萄酒接待过教皇特使和英国国王："所有到访布鲁日的王公贵族们，从来都没法达成任何共识。于是他们整个冬天待在这里，在勃艮第公爵的伟大国度里觥筹交错。在这里他们从不吝啬来自博讷、沙隆堡（Château-Chalon），或者阿尔布瓦（Arbois）的各种美酒。"

贵族们，特别是以僧侣为代表的贵族阶级从公元 9 世纪开始翻新修整王国内的所有葡萄园。至高无上的霸主查理曼大帝所颁布的《庄园敕令》中，向帝国各地的领主规定了以下内容："所有地方官要保证葡萄园的运作良好，要保证这些土地上产出好酒，还要保证这些葡萄园不受损害。如果你需要从别处购买葡萄酒，要从能够直接送到我们领区的地方购买。如果别处购买的葡萄酒确实品质优异，请留给我们作为参考，以提高我们自己出产的葡萄酒品质。这能够让我们明白如何利用我们的土地和葡萄。"查理曼大帝还重新定义了如何酿造陈酿葡萄酒，如何控制产量，如何购买葡萄酒以及最后如何满足整个帝国的消费供给等一系列葡萄酒的流通过程。

从公元 10 世纪到 15 世纪，王公贵族们的葡萄园遍地开花。葡萄园占据了已经耕作好的田地。卡佩王朝的国王拥有自己的葡萄园土地：如特雷莱园，就坐落在城堡的边上，直接与王宫连接；另外在圣热讷维耶沃的山侧还有他们的几片葡萄园。但随着巴黎左岸居民区的扩张，这些葡萄园逐渐在 13 世纪时消失。于是皇家的葡萄园逐步向南迁移到奥尔良和布鲁瓦地区。为了更好地掌控自家的园地，城市的上层阶级将优质的葡萄种在市郊，而乡村的贵族老爷们则将葡萄种在自己的城堡边上。

所谓的"太富时代"的到来见证了人们对葡萄酒的浓厚兴趣。1 月份通常是一片笙歌燕舞的场景，这是人们对冬季宴席的传统印象，因为这时节也没法去打猎或发起战争。同时，让·贝里公爵于 1414 年 1 月

6 日在他的行宫里举行的一场盛大宴席上，向人们展示了一部描绘真实场景的画集。在一幅讲述 9 月采收的画里，五个人在采摘葡萄，边上有一个男人，还有一个怀孕中的女人在歇息。采摘下来的葡萄被放入篮子里，然后倒入骡子拉的车上。车上的大篮子被运到酿酒的地方，然后用牛拉的小车分装下来。所有的葡萄随后被压榨、酿造，然后送入隶属领主的酒窖中。画集中的另外一幅场景是安茹地区的索妙尔城堡，安茹地区当时已经是重要的葡萄种植区，由让·贝里公爵所有。画里的塔挂着风向标及百合花，揭示了法兰西国王约翰二世的第三子，让·贝里公爵当时跟他那疯子一样的侄子国王查理六世走得很近。在城堡的边缘有一条栅栏，通常这里是仆从举行竞技比赛的地方。从这样的一幅画中，我们可以看到公爵过着多么美好的生活。

在法国西南部，这里的修道院以及属于教廷的土地比起法国的其他地方都要少，那些不信教的领主很快占据了大量葡萄园，或者是将自家的园地重新种上葡萄。所以在波尔多，那些被称为"泥潭"的沼泽地都被种上了葡萄。英国国王爱德华一世（1272—1307）还在吉耶讷地区招募新的种树人来开辟森林。各处的农奴制度消失，地主和农民们签订一份被称为《合作种植》的协议来对半分享收获的果实。这合同甚至规定，从种植的第五年起，土地上种植的葡萄将完全归农民所有，这衍生了后来的小产权制度。

贵族们对葡萄酒的热衷引发了第一轮对葡萄园的挑选，以及对葡萄酒口感的认定。刚刚压榨出来、经过短暂过桶后的葡萄酒大多都被喝光了，因为如果不是保藏在酒瓶里的话，它们很难成为好的陈酿，颜色会变浅，单宁也会减弱，因此卖不上好价钱。直到 14 世纪末期在勃艮第，我们才看到了那些卖得比年轻酒还贵的老酒。在中世纪，人们会区分浅色葡萄酒、红葡萄酒、甜葡萄酒以及白葡萄酒。浅色葡萄酒（"Clairet"或者"Claret"）很对吉耶讷地区的英国人的口味，这是一种浅红色的葡萄酒，以活跃新鲜的口感为卖点。在 14 世纪，单是这样的葡萄酒就占了波尔多产区 87% 的产量。而红葡萄酒，有时候被人们当成韦尔梅伊产的皮诺葡萄酒，只是偶尔有人饮用。白葡萄酒还有一些更轻盈的葡萄酒则更多地被北方的贵族所喜爱。要制作白葡萄酒，有两种方法：用白葡萄经过压榨破碎酿造，这样的话会口感更轻柔一些；也可以用红葡萄酿造，但并不经过破碎；这两种方法的最后环节都要在木桶中发酵。

葡萄酒的口味也随着季节和地区转换而变化。加泰罗尼亚的学者弗兰塞斯克·埃克西梅尼斯（Francesc Eiximenis）[1] 倡导理性的饮酒观念，并向他的领主推崇这一点："领主大人，您要知道，我活得很健康，如果我不饿的话就几乎不用吃东西。我会跟您说说我的生活规律，让您看看这是否是有益的。大人，当我起来的时候，我会吃点微温的圆面包配点煮过或加了树脂的葡萄酒：加树脂的葡萄酒在夏天喝，煮的葡萄酒在冬天喝，或者喝点麝香葡萄、玛尔维萨、特雷比奥罗、科西嘉或者是康迪、歌海娜等品种的葡萄酒……我不喝本地的酒，夏天我还会喝些卡拉布里亚（意大利南部地区）的圣诺赛多，托皮亚或者特里拉葡萄酒，马略卡岛（西班牙）的酸葡萄酒，阿维尼翁的桃红或淡红酒等。而冬天则喝马德里、卡斯蒂利亚这些西班牙的或加斯科涅的葡萄酒，或者是安泊达的莫纳斯特尔葡萄酿的酒……晚饭的时候会喝点博讷或者圣布桑的葡萄酒，这些珍贵的液体能治好我的腿脚。"

1394 年，欧赛华（Auxerrois）的圣布里（Saint-Bris）地区规定要

---

① 于 1330 年出生于赫罗纳地区，于 1409 年逝世于佩皮尼昂。

将古老的诺伊里恩葡萄品种，还有甚少被提及的特利索品种区分开来。1395 年由勃艮第公爵颁发的特许状甚至更为激进。菲利普二世废弃了"不正当的佳美葡萄"，他认为这种葡萄酿出的酒都是骗人的，又平庸无奇，"很苦，质量又差"，"对人类简直有害"。这一政令摧毁了这一品种在勃艮第的地位，让这一品种被大规模地拔除。不久后，沙萨涅的领主还下令酿红葡萄酒只能种植黑皮诺这一品种，而酿白葡萄酒只能种植苏维翁（sauvignien），即后来的霞多丽。

然而佳美这一品种并没有马上消失，而是在 1441 年重新获得关注。后来，黑皮诺成为勃艮第红葡萄酒的代表，而佳美这一品种的产区向南迁移（马贡、博若莱、罗纳河谷等地区）。为了针对"用劣质葡萄酿造劣质酒"的行为，人们发起了一场寻求"优质，甚至是卓越的葡萄酒"的战争：这是一场贵族的黑皮诺对抗大众化的佳美品种的斗争。

1416 年，查理六世所颁布的皇家法令甚至还囊括了第一份关于勃艮第葡萄酒的民事认证。国王谕令，能使用勃艮第葡萄酒名字的只能是那些"来自欧赛华或者是博讷产区的、用当地方法酿造的葡萄酒"。

通过这份法令，国王为巴黎地区消费的葡萄酒制定了四大命名规则：来自约讷河桑斯桥产区的"法兰西"葡萄酒、"卢瓦尔河"葡萄酒，来自香槟地区的"奥布省巴尔区"葡萄酒，以及最后来自桑斯和马贡地区之间的"勃艮第"葡萄酒。查理六世对产区的划分与他的前任——13世纪的腓力二世有些类似。因为在 1225 年，他对白葡萄酒进行划分时，引发了第一场关于葡萄酒的斗争。巴黎人亨利·安得利为国王腓力之死（公元 1223 年）而创作的 204 行诗中提到了这一点。这场斗争围绕在餐饮的争端上，连国王也涉及其中。

葡萄酒之战（约 1225 年）[①]

请倾听这一寓言

这曾流传于酒桌之间

那名叫腓力的伟大国王

自愿地献出自己的烟斗

还有那白色的优质葡萄酒

他对葡萄酒的区分仁慈又公平

  国王曾派遣信使到处去寻找最好的葡萄酒：到塞浦路斯、阿尔萨斯、帕尔马、普罗旺斯，以及西班牙、博讷和奥尔良带回来最好的葡萄酒供应宴席之需。巴黎附近产的葡萄酒也同在此列，如阿让特伊（Argenteui）、蒙莫朗西（Montmorency）、埃唐普（Étampes）、默朗（Meulan）等地产的葡萄酒。有一位英国的教士，常常挂着一条长绸带。法国民众都认为他的举止十分英国化而让人觉得颇有喜感，可他却被任命为品酒方面的专家。国王信使收集的葡萄酒会先经他品尝。这位教士首先剔除了三种葡萄酒："沙隆地区的鞭炮"葡萄酒（这可能是香槟区的沙隆市），简直是从"胃部折磨到后脚跟"；爱拓普产区的酒也是种"喝着让人抽筋的水"；最差劲的"还要数博韦产区葡萄酒"。而阿让特伊产的葡萄酒被他认为是最好的："清澈如眼泪，如女神的庇佑，它的力量感，滋润了法国的国王。"让其他人会尖叫着起哄。诗人说，如果葡萄酒有手的话，它们也会为此舞动双臂的。其实每一个地方出产的葡萄酒都能找到爱其之人：德国人就很爱阿尔萨斯的葡萄酒，埃佩尔奈

[①] 《法国葡萄酒》手抄本。

的酒就夺走了莱茵河地区居民的味蕾，英国人和北欧人则更爱拉罗谢尔的葡萄酒。他们都跟法国人的口味不一样，都在恭谨地维护并推崇自己的口味。最后，这位英国牧师为法国国王挑了 12 款酒，至于具体是什么我们就不得而知了。这场皇家的葡萄酒评选还是印证了所罗门王那句话：得喝"上天赐予你的那款酒"呀。

在中世纪，葡萄酒的消费者主要还是教廷的高层人士、贵族以及城市里的显贵，而他们的佃农却仅仅为他们耕作葡萄园。

人民的酒

对于历史学家来说，记载着城镇人口与贵族阶级饮酒风尚的文献资料十分多，然而让人悲哀的是，记载乡村及大众阶层饮酒习惯的文献却少之又少。现存仅有的那些民间艺术透露的信息往往不全面。人们只能从如罗马柱上的雕塑、祷告席的坐垫、壁画，特别是不同时代纯朴的祈祷书上那些细密的画作，又或是当时的人们使用的药典，来一窥当时农民们饮酒与采收的情景。

然而，从这些民众饮酒的肖像画中获得的可能只是一个模糊的历史轮廓。农民及手工艺人们当时更多喝的是一些果渣酸酒，用果子、树叶还有水发酵的泛酸果酒，通常这些酒还是腐臭的。不同时期人们所面对的困境（战争、瘟疫等）都对人们所饮的酒产生影响。一份面向巴黎中产阶级的报纸曾报道："当时（1447）巴黎的酒是如此之贵，贫苦的人只能喝那些古代高卢人喝的古啤酒、蜂蜜酒、廉价的啤酒及用来做酒醋的葡萄酒。"在中世纪最受欢迎的酒是古啤酒，这是源自古高卢人喝的啤酒而传承下来的一种廉价低度酒。

人们的日常生活是很节制的。通常农夫们赖以为生的食物是蔬菜羹及用来蘸面包的"汤"。农夫们吃的面包都是用那些没什么麸质也没有植物淀粉的谷物来制作的，很难发起来。这种面包必须要泡在水里面，或者更好的方法是泡在蔬菜汤或者葡萄酒里面，来让它变软以便吞咽。赶上好光景的话，人们会在蘸面包的汤里加点肉汤、栗子及洋葱等食材。能吃到大麦做的白面包，那简直是幸福，特别是烤过之后的白面包更是诱人。像《巴黎家居》里面所建议的："取过一块白面包，放在烤箱里烤得金黄。然后用它蘸着浓郁的红酒一起食用。"帝国南部的农民则经常喝一种"修士酒"（Couvent），经推测，这种酒的来源是用李子制作的烈酒，人们加入杜松子和甘草来增加这种酒的味道。在普罗旺斯，那些果渣酸酒也被称为屯普拉（tempra）。在波尔多及图卢兹地区，那里的人喜欢喝一种叫"纯红酒"（vinum rubeum purum）的葡萄酒，加斯科涅人将这种酒的酒色称为"迷人红"（bin vermehl）。加斯科涅人将这种酒兑水，做成一种叫作霖法顿酒[①]的餐后酒，当然这种浅色的混合物就失去了它原本漂亮的酒红色了。至于果渣酸酒的出现，则是用水将混合着果皮和梗的葡萄酒醪浸渍出来，获得一种低度酸涩的葡萄酒。总之，当时那些"贫寒家庭"，农民阶层也只能想尽办法为他们日常喝的酒加上一点点"酒色"了。

一些大的庆典，像是圣灵降临节上的"疯马"庆典，又或者是新一年的复活节、8月的圣母升天节、万圣节以及圣诞节等重大节日，都是一家人制作美味佳肴的重要节日。但真正意义上的盛宴是很少有的，曾

---

① 拉丁语 lymphatum，意为稀释。——译者注

经有一位加洛林时期的历史学家写过："人们一天当中的所有时间，不分场合都在喝酒。不管是刚缔结了合同，还是在圣人的庆典上都得喝酒庆祝。"这句话显得有些夸张，这类"穷人的节日"（fête des maigres）不过是人们对生活中逆境的一种短暂抗争。

提到与葡萄酒相关的主保圣人，我们能够找到很多。在葡萄酒从普通的酒质变为耶稣之血的过程中，各类圣人的出现使人们加深了对葡萄酒的崇拜。主导一场弥撒的葡萄酒圣人都能够组成一篇连祷文了，其中有三十几位圣人是葡萄的保护神。从 15 世纪开始，圣马丁被推为葡萄的主保圣人，他负责保护葡萄免受冰霜侵害，以及保障葡萄的花期正常进行。如果当时人们相信这样一套说辞的话，圣马丁的纪念日倒是可以促进一下消费的："圣马丁节（11 月 11 日）要喝好，河水留在磨坊跑。"而酒农们的主保圣人也通常会被用来命名某一片独特的土地。如圣奥特马尔（Saint Othmar，纪念日 9 月 9 日），或是更常见的酒农主保圣人圣文森（Saint Vincent，纪念日 1 月 22 日）——有意思的是，他的名字其实也是一个文字游戏：酒（vin）与血（cent，发音近似法语 sang）。另外偶尔会提到的主保圣人还有圣韦尼耶（Saint Vernier，纪念日 4 月 19 日）。与葡萄酒相关的神明里面，对古高卢神明苏克鲁斯的礼拜仪式也有了新的解释，人们相信，苏克鲁斯所携带的那个装满美酒的酒桶，象征着葡萄结出的美好果实。另外还要提到圣约翰，这位给耶稣洗礼的圣人，同样也是橡木桶制造者的主保圣人（纪念日为 6 月 24 日，夏至时分）。这是因为砍下施洗者约翰头颅的那把削刀，当初就是用来刨削橡木桶木条的工具。

之所以提到橡木桶，是因为在葡萄酒成为一种饮料之前，葡萄酒对于人们来说更多是一种产品。制作橡木桶是手工艺人的工作。橡木桶由拱形的橡木条或者橡木片，加上两端的小木板组成。用金属制作的铁框和栗子木条固定后，就可以保证橡木桶的密封性。橡木条是在砧板上用削刀削出来的。削刀是一种带弯柄的手斧，柄上固定着矩形的薄刀片。根据橡木桶的容量大小及产区的不同，中世纪的橡木桶可分为"小叶桶"（feuillette）、"巴萨德桶"（bussard）、"常规桶"（barrique）、"一件桶"（pièce）、"穆德桶"（muid）等，而最大的橡木桶被称为"富特桶"（foudre）（超过 1.15 万升），这些木桶所代表的容量直到今天依然被用作计算葡萄酒体积的计量单位。

耕种葡萄的农民，他们需要制作"纯"葡萄酒来付给领主们的"十一税"。然而随着时代演变，有时候葡萄种植业是伴随着土地脱离领主控制的进程发展的。实际的例子发生在里昂和博若莱两地。这里葡萄园的诞生必须要归功于居住在艾尼、蛮人岛、萨维尼等地修道院的大主教及议事司铎。但从 13 世纪开始，特别是在 15 世纪中期，这里的战乱平息后，在里昂的南边至西边，以及邻近罗纳河、索恩河、拉尔布雷勒河、吉耶河等几个地方的河谷及丘陵上出现了许多"自由城市"。沿着这些城市的边上，人们发展了葡萄园。这些葡萄园有时候会被分割开来出租给农民。通常在这些土地上，葡萄会和其他的蔬菜或者果树一起混种，且都是放养自足地让它们自由生长。这也成为博若莱地区小块所有地的源头。土地并不总是归于耕种它的农民所有，它们可以按照土地收益分成的制度由资产阶级分配给农民。因为布料贸易及银行业而富足的里昂家庭，实现了对城市周边土地的占有。1493 年，共计有 237 公顷的葡萄园分布在穆拉提耶河和日沃尔这两河之间，它们归资产阶级所有。

拥有城郊葡萄园的富裕地主将葡萄酒带入城镇中。葡萄酒会在地主的家里直接出售给一些顾客。这种出售方式用俗话说就是"闭门倒酒"，意思是人们马上带走所购买的东西。这些住宅的门的上半部有铰链连接的窗台，可以放下来变成一个柜台。卖酒的人可以在这里用标准的锡器计量，并倒满顾客的酒斛。当然，这些都是由仆人来负责。巴黎和里昂的情况相同，但通常是由瑞士军团的退役士兵负责：这可能就是"独自饮食"[①]一词的来源。这时候出售葡萄酒还没有税收的问题，所以城里面售卖的葡萄酒可以让各个阶层的人都喝到。

酒店和酒馆在提供住宿和食物的同时，也进行必要的酒类零售生意。与酒肆相关的多种名字无疑表明了葡萄酒在当时建立起的某种热度。酒店的数量从 18 世纪开始增长归功于人口的持续流动。"酒店"（taverne）一词来源于拉丁语，描述的是供人们一起喝酒吃饭的长桌。"小酒馆"（cabaret）一词也同样出现在 18 世纪末期，源于荷兰语的"cabret"和皮卡迪语的"cambrette"两词，描述的是一个可以饮酒消费的小房间。

有时候卖酒的人也会在露天的地方甚至是在酒窖里出售葡萄酒。这些葡萄酒都是城市周边出产的低度白葡萄酒，它们的储藏期不定，用于供应大众消费。1259 年，路易九世颁布了法令来控制这种没有任何规范的贸易行为。当时巴黎地区的人口大约为 20 万，而葡萄酒的消费量则在 14.5 万升—20 万升，换言之，理论上平均每人每天要喝掉 1/3 升的葡萄酒。

然而就算这些统计数据不存在，我们也能从其他的地方看到当时的人是如何过分地饮用葡萄酒的。诗人瓦崔琦·德·古文（Watriquet de

---

① 原文为"boire en Suisse"，字面意思为像瑞士人一样喝酒。——译者注

Couvin）曾写过一出喜剧《巴黎三贵妇的故事》，就描述了酒馆里的各种危险，特别是对女士们来说。

巴黎三贵妇的故事 [1]

　　1321 年的万王节当天，在大弥撒进行前的清晨，巴黎市郊戈内斯镇居民亚当的妻子玛格和她的侄女玛娃斯说她们要去城里买一些动物的下水。实际上她们想去的是一家新开的酒馆。在那里她们遇到了发型师蒂凡尼，她建议她们继续这偷闲之旅，因为她知道有个地方可以喝到很不错的"河酒"（香槟地区出产的葡萄酒），而且每人最多可以在那里赊 6 苏（法国古货币单位）的酒。她提到的酒馆名字叫"Maillez"，坐落在努瓦耶大街上。三位夫人偷偷地来到这家酒馆，一位名叫杜恩·巴雷特的侍应生招待了她们，并让她们品尝了几款美酒。她们在喝酒上花了 15 苏的钱，而这时她们也觉得饿了。于是她们叫了一只肥美的鹅以及一碗大蒜。杜恩·巴雷特更是锦上添花地为她们加上了一些蛋糕。吃得心满意足后，她们又觉得渴了，于是其中一位妇人喊道："呸，我这是欠了圣佐治的了。喝了这酒，我的嘴发苦，想要吃点石榴！"这时候上来了三个酒斛，装着蜂巢蛋糕、蛋卷、奶酪、剥壳的杏仁、梨子、香料和坚果组成的甜品。然而三位夫人还是觉得不够解渴，她们发现这三个酒斛只能稍微品品酒，于是又点了 3 份酒。她们唱着聊着，对比着阿尔布瓦和圣艾米隆出产的葡萄酒。她们将葡萄酒含在嘴里，"让

---

[1] 瓦崔琦·德·古文，《巴黎三贵妇的故事》，出自塞戈莱纳·勒菲弗尔，女性及其对葡萄酒的喜爱。

酒的滋味长久留在舌尖上"。因为不能一口就把酒吞掉，而是要让葡萄酒柔美的口感和酒劲长久留在口中。她们就像富有经验的葡萄酒专家一样品尝。到了半夜时分，她们需要出去透透气，然而她们没有戴上面纱光着头就出去了，显得有失体面。而更过分的是，杜恩脱光了她们的裙子抵押在酒馆里。她们也不在意，唱着歌互相说着笑话，直到寒风冻僵了她们，倒在了街边的污泥里。于是杜恩又偷光了她们的衣服。第二天清早，人们发现了她们，以为她们都死掉了。她们的丈夫将她们运到了公墓里面。到了中午时分，她们醒了，光着身子走出来喊道："杜恩，你滚哪儿去了，来三条腌鲱鱼，还有三罐葡萄酒。"寒冷让她们都神志不清了。然而周围看热闹的人都听到了她们一醒来就喊着要喝酒。后来她们从宿醉中醒了过来，跟着她们的丈夫灰溜溜地回家了。

从这个故事也可以看出，像里面提到的香槟酒、阿尔布瓦酒及波尔多的酒，早在中世纪就已经在法国内外加速流通。

商人的酒

10 世纪末期的波尔多，教会阶级的领主们倾向于委托有资产的佃农来经营他们的土地。这些佃农成为波尔多市区及周边区域葡萄园扩张的主力，并让波尔多获得了国际上的关注。英国的王室为其提供了许多助力。金雀花王朝的亨利二世迎娶了阿基坦女公爵埃莉诺为王后（1154），波尔多的港口为英国与阿基坦公国提供了坚实的葡萄酒贸易渠道。实际上，正是英国市场让波尔多的葡萄酒业得以发展壮大。1224 年，拉罗谢尔被割让给法国后，英国人从夏朗德地区进口葡萄酒的权利被剥夺。于是，波尔多成为唯一能够进行贸易往来的港口。在 1214 年，波尔多的资本家们从无地王约翰（Jean Sans Terre）处获得了贸易的税收豁免权，特别是在 1241 年这里成为主要以贸易为中心的地方。加龙河的各条支流一直到英国的南部港口，商人们建立起持续不断的贸易往来。1307—1308 年，共有 104 815 桶葡萄酒从波尔多运出。在英法百年战争期间，资本家们从英国国王爱德华三世那里强行取得了一系列的税收及贸易的优惠，回报他们对英国坚定的政治支持。这些优惠包括了多项内容：如关税的豁免，在英国经商的税收减免，使用对商人有利的特殊容量木桶，对英国的垄断性销售，春天前禁止从波尔多进口多尔多涅的黑葡萄酒；在城市中可以先于贵族和农民出售商品，在司法总管的辖区里可以优先采购加斯科涅地区的葡萄酒和农民的葡萄酒等。在加龙河和洛特河（lot）等河流上游的城市，城里的资本家们花钱投资这里出产的浓郁葡萄酒。这些酒不允许出口，以保证波尔多本地的供给。只是不管怎么样，英国人还是喜欢那些清淡偏桃红的葡萄酒。这样的葡萄酒由红白葡萄混合而成，没有经过除梗，不经压榨，只用葡萄酒的自流汁酿造。这些葡萄酒需要优先出售，免得里面悬浮的酒渣会破坏葡萄酒的稳定性：这就是当时所谓的"又好、又干净、又纯粹，新鲜又适合销售"的葡萄酒。拉丁语中的"vinum clarum"、加斯科涅语中的"bin clar"、朗格多克的奥克地区的"cleret"，便成了英国人口中所说的"claret"（以上所有语种的词均指"淡葡萄酒"）——一种贸易出口用的葡萄酒，不会用于本土消费饮用。

英法百年战争后，城市的重建给了波尔多贸易发展额外的推动力：

1453 年经历了卡斯蒂永之战后，波尔多最终被法国国王查理七世收回。他十分迫切地确认了这座城市所拥有的各种优惠政策。人们在这片古老的沼泽、泥泞之地上建成了新的"葡萄酒之地"：这是那些杰出的葡萄园诞生的一刻，且它们的销路也由此打开。

波尔多人的冒险之旅继续在其他地方展开：随着城市的兴建，资本家们加强了葡萄酒的贸易流通。一位修士曾写下他对此的观察："这个国家的人从来都不播种、不收割，也不储粮。他们唯一做的事情就是沿着直通巴黎最近的河流，将酒输送到那里去。卖到巴黎的酒换取的利润就足够维持他们的衣食所需。塞纳河和它的支流（阿尔芒松河、约讷河、卢万河、马恩河、瓦兹河）、卢瓦尔河、阿杜尔河和洛特河上，都流通着这些'水上之酒'。"

河流及海上的港口大大地促进了葡萄酒贸易。到了 11 世纪，法国国王达戈贝尔特于 8 世纪建立的圣丹尼斯葡萄酒大集市在销量上被鲁昂的葡萄酒集市超越，因为海运的货船可以沿着塞纳河逆流而上，而且这些商人能够团结起来组成有力的商会。此外，他们还能够从英法两国的国王手上取得运输及港口卸载等各类政策的优惠。

此外，来自欧尼和桑通热行省的葡萄酒商争取到了从拉罗谢尔港向英国，以及北欧地区出口产品的权利。"当时，那些拉罗谢尔的葡萄酒，我都全供应给了英国，布列塔尼人、诺曼底人、弗拉芒人、威尔士人、北欧人，还有那些丹麦人，这些酒为我收拢了所有的金币，这些葡萄酒，成就了我满身锦衣。"

在稍微南边一点的地方，面对着波尔多及加龙河的地方，可以找到另一座以葡萄酒闻名的城市：贝尔热拉克，这座城市附近是著名的多尔多涅河。贝尔热拉克最终挣脱了波尔多的强势遏制，并主导了由河流向海洋的水上贸易。多尔多涅地区的葡萄酒需要人们费心运输到下游地区。在逆流而上的时候，人们采用一种叫"贾巴尔"（gabares）的驳船运输，这种驳船能够装载 20—30 桶酒；到了贝尔热拉克便换乘可以装载 40—60 桶酒的古贺驳船（couraux），因为这里的河道开始变宽，水流比较平缓，船可以一直驶到海边的城市利布尔纳。

在当时的法兰西王国内外，葡萄酒得以顺畅地流通。当然，这与城市人口及外国人对葡萄酒的热切需求密切相关。而这份需求中，人们对健康的追求占据重要地位。

药用的酒

古代的药剂师会把葡萄酒作为药物销售，他们认为葡萄酒能够让人恢复健康。"葡萄酒能够促进胃里食物的消化，以及在肝脏的二次消化过程。我们找不到其他任何一种肉类或者饮料能够像葡萄酒一样安抚并提高自然的热量，因为它自然而然地拥有亲和性……它清洁了浑浊的血液，打开了流向身体各处的管道和大门，同样地打开了身体各处的血管。"

15 世纪时，这种被称为"健康的后花园"的饮品见证了当时的人们从众多饮料中认识到葡萄酒的药用价值。这种古老且依托体液病理学说的理念代代相传。这种理念的来源可以分为两部分：一方面来自信奉希波克拉底学说的学者们（如巴塞洛缪斯·安格库斯、阿德布朗丁·德·锡耶纳、阿纳尔德斯·德·维拉·诺瓦，之后我们还会提到）所书写的关于卫生及医药治疗方面的著作；另一方面来自记录了药物成分和药剂使用方法的医药方文集。在 1 482 张古代药方中，葡萄酒为主或为辅地被用在 35%—40% 的药方中。例如，在 14 世纪著名药理学文献《尼古拉斯药典》的 85 个药方中，葡萄酒就出现了 31 次。

在众多葡萄酒医学专家里面，古代修道院附属药房里的修士无疑是最优秀的。9 世纪的本笃会修士万德尔伯特所研制的"五月葡萄酒"（5 月是圣母玛利亚的月份）有抵抗焦虑、偏头痛和肝肾虚弱的疗效。所谓的"修士之酒"，也被称为希波克拉底之酒，是一种用香料浸泡过的药酒，在中世纪前期被用来给士兵和病人提神。德国莱茵河畔的宾根修道院有一名女修道院长名为希尔德加（1098—1179），她因身上的神秘色彩及精湛的医学而闻名，她曾写了两本很有趣味的书：《诸神造物的妙思》和《病因和药剂》。为了止咳，她主张用晒干的狼肝磨成细粉，混在葡萄酒里让病人喝下，或者干脆就是喝下一杯泡着狼胆的葡萄酒。治疗水肿的话，用一杯混着木炭灰的纯葡萄酒就足够了。肚子疼？那就得用宝石的神奇力量加上唾液和葡萄酒一起治疗了。

在负责教导将酒精饮料用作治疗之物的学者当中，最伟大的莫过于阿纳尔德斯·德·维拉诺瓦（Arnaud de Villeneuve, 1238—1311）。这位加泰罗尼亚人出生在瓦伦西亚，一座伊比利亚半岛南边的城市，这里是西班牙复国运动后收复的土地。这位年轻人很快就结识了一群充满智慧的阿拉伯精英。他在那不勒斯王国的萨莱诺学医，这里正好处在阿拉伯和拉丁文明的十字路口上。后来阿纳尔德斯移居到蒙彼利埃居住。在这里，他展开了漫长而辉煌的医生和教师生涯，并于蒙彼利埃全新的医学院完成学业。蒙彼利埃的医学院由教皇尼古拉四世于 1289 年下令修建，这所大学对法国医学的影响力甚至比巴黎的医学院更甚。在蒙彼利埃医学院的客户里面，有三位教皇（博义八世、本笃十一世、克莱芒五世），还有四位国王（国王阿拉贡、"蒙彼利埃领主"佩德罗三世、海梅二世、皮埃尔三世、雅克二世、法国国王腓力四世及那不勒斯国王查理·安茹）。阿纳尔德斯·德·维拉诺瓦经常在穆斯林地区及地中海区域（大马士革、巴比伦、开罗、突尼斯）旅行，从中积累了大量对草药的认识以及运用医疗技术的方法。然而他却死于热那亚海湾附近的一次沉船事故。

阿纳尔德斯·德·维拉诺瓦在 1309 年完成了《酒的自由》一书，书中他向他的领主阿拉贡国王海梅二世贡献了 14 个保健药方：如用于治疗疯癫的"牛舌酒"，可以治疗厌食症、恢复内心的活力、增强精力、美容生发的"迷迭香酒"；还有治疗黄胆汁过剩，黑胆汁症和心衰的"玻璃苣酒"（成分中还包括牛舌草和柠檬精油）。这酒"疏通了体液流通的管道，让被脂肪堵塞着的肝脾减轻负担"。虽然对葡萄酒的来源没有说得太详细，但是必须用"好"的葡萄品种，以及酒一定得是"白"的。"因为酒是一种很敏感的东西，很容易跟其他活泼的原料反应，例如变色等。"对于健康来说，重要的是要节制："少喝点儿，喝好点儿。好的葡萄酒胜过医生。"这些学者提出的建议成了一种民间智慧。

最后，阿纳尔德斯·德·维拉诺瓦自然而然地成了一名炼金术师，投入对酒的蒸馏技术当中。当时使用的蒸馏釜在公元 1000 年前后法国裔的西尔维斯特二世（Sylvestre II）担任教皇时期就出现了，但并不广泛地为人所知。阿纳尔德斯并没有发明蒸馏法，但他却成功对蒸馏法进行了改进。他竭力向人们推荐一种经过他的蒸馏处理而得到的物质："酒灵"（l'esprit de vin）。阿拉伯文明的黄金时期（公元 9—12 世纪）出现的化学家改进了亚历山大（埃及）地区的科普特人发展的蒸馏技术，并将它传播开来。他们将从蒸馏釜提取出来的产物称为"al kuhul"或者

"al kolh"，这种产物让他们联想起构成世界的第五元素，酒的"灵魂"。他们的技术可以最大化地提炼出这些"酒灵"。蒙彼利埃的医生们给阿纳尔德斯带来了巨大的名声，他们坚称这种液体是"生命之水"："我们将这种从蒸馏酒或者火烧酒中得到的液体称为生命之水，这是葡萄酒中最精妙的一部分。这是种永恒的液体，更是黄金之水。它的制备过程为其带来崇高的品性，它的功效广为人知。它能延长人的寿命，因为它配得上被人称为生命之水。"

《酒的自由》这本药典里面有相关配方记载，人们用酒精将植物中的精华物质萃取出来，然后再加到酒里面去。在《巴比伦城里收集到的撒拉逊药方》一章里，按照阿纳尔德斯的说法，"迷迭香酒"可以用来医治"化脓的疖病、反酸、狂怒、溃疡还有肛瘘等病症"。制备这样的药酒，需要用"芳香的草药或者香料"浸泡一整天，以使得这种"生命之水能每时每刻都散发出怡人的芬芳"。此外，学者们建议多次地往这种药酒里面添加"生命之水"以便运输和存放。不过，这种做法并不是今天我们"终止发酵法"的先驱（为酿造甜葡萄酒，在发酵过程中添加酒精以打断发酵，使糖分得以保留），因为在这些药方里既没有提到用的是哪一种酒，也没有给出具体的比例。

第四章
现代葡萄酒——新的商业化行为

从公元 16 世纪开始，葡萄酒便开始带有现代特色了。随着思想的交流日趋活跃，商人们将酒带到各地，人们喝酒的地方也呈倍数增长。酿酒工艺升级换代，装载葡萄酒的容器从橡木桶变成了酒瓶，制酒方式也从发酵发展到蒸馏，这些都加速了葡萄酒口味的改进和时尚潮流的建立，还让最早的由一批酒商运作的葡萄酒行业得以出现。

法语里面"文书"一词来自修道院里面的"抄经室"，可以将其理解为一种古代的印刷作坊。在同一时期，人们将葡萄酒从修士的酒窖里取出来喂养精英知识分子。换句话说，文艺复兴时期，葡萄来装点新新人类。

人文主义：从葡萄藤到鹅毛笔

葡萄的种植和酿酒技术不再局限于世代口口相传，而是成为一种书写于纸面上的文字，甚至是一种艺术财富。人文主义让那些古老的文学作品重现光彩，先是拉丁语文学的复兴，慢慢发展到乡土文学的大放异彩。写了欧洲第一本关于葡萄酒的书的哲学家泰奥弗拉斯特，他描述的醉酒治疗手段被人们重新发掘出来；公元 1 世纪的"酒作家"普林尼和科鲁迈拉，也有着人数可观的读者群；诗人欧颂在公元 4 世纪曾被人遗忘，然而这位歌颂了摩泽尔和阿基坦地区葡萄园美景的诗人也在这一时期被人们重新忆起。

这些古代的伟大酒徒被人们重新发现要归功于考古学和艺术。同样，希腊狄俄尼索斯和罗马巴克斯的形象也被定格在大理石雕刻以及画布里：他是一个几近全裸、用豹皮稍微掩盖身体的年轻男子，看起来醉醺醺的样子，额头上围绕着一圈用葡萄藤或者常青藤编织成的藤冠。他的手中拿着缠绕着葡萄藤的手杖，手杖顶端还装饰着一颗松果，此外还有葡萄酒或者是一串葡萄的形象出现在他的身边。他坐在一架由几头老虎、猎豹或者是山羊拉的车上。在文艺复兴后期伟大的西班牙画家委拉斯凯兹的画作《饮酒者》里，画家甚至用 17 世纪的绘画技法，将巴克斯的神话包装出一幅火热的现实形象。于是，关于葡萄酒的神话也同样在人类的历史中完好地保存下来。

委拉斯凯兹的《饮酒者》(Les Buveurs de Vélasquez, 1628—1629)①

这幅画作，展示出了这位自然神明的新一面，代表了人们在对巴克斯的启蒙认识中，赋予他狂欢的形象。巴克斯的形象就是一位健壮的小伙子，头顶着葡萄叶，身上除了一红一白两条布带外别无他物。他正襟危坐在酒桶上，为受勋者戴上葡萄藤做的冠冕。受勋的人从穿戴上看像是一个士兵，毕恭毕敬地跪拜在巴克斯面前。他的脸部分被巴克斯的手遮住，完全消失在阴影中；只有他的鼻尖是清晰的。6个酒徒帮忙完成仪式，并用葡萄酒作为给新加入的伙伴表示欢迎的献祭。其中有一个像巴克斯一样半裸的男子，站在巴克斯的身后，都已经醉倒了还不肯放下酒杯。另一个人在画的左前方蹲着背向观众，双手放在酒坛上，就像那个正在受勋的人一样，已经戴上了那位杰出的酒徒给他的藤冠。右边，站在新信徒的背后的一位半跪着的老头，身披长袍、拿着酒标，滑稽而一本正经地盯着巴克斯。在这位老人和士兵的后面，两个怪人猥琐地望着我们：一位坐在巴克斯旁边，头戴着一顶无法形容的帽子，两只手捧着一个巨大的酒杯，笑得龇牙咧嘴；另一个呢，头上啥都没有，双手搭在身边人的肩上偷偷地在暗笑。在画的最右边，还有两个人。其中一个一手按着胸口半满的钱包；而另一个很可能是个乞丐，挨着他放下帽子伸着手要钱。画的背景是一幅孤单的风景，作者通过高超的画技描绘了一片灰暗的天空，刚好和谐地突出了这些喝酒的人的醉态。

---

① 皮埃尔·拉鲁斯(Pierre Larousse)的画评，《19世纪通用大辞典》，艺术部："酒徒"。

　　人文主义者给出了他们的看法。医生让·利博德和其岳父——著名学者夏尔·艾蒂尔共同撰写了《农业及乡村房屋》一书。这本书依据希波克拉底的情绪理论呼吁人们应谨慎地喝酒。希波克拉底认为：人的四种内在情绪相互平衡才能给人带来健康，而葡萄酒保证了这种和谐。法国的葡萄酒"很适合勤劳的人及城市居民。总之是适合那些活得安静、闲适而不经常在外奔波的人，还有那些多年来始终保持着自己脾气的大师。因为这些酒不会加热、燃烧或是耗尽人的内在情绪。而像你们从加斯科、西班牙或是其他更热的地方拿来的葡萄酒，它们有着过多的热量，热得可以灼烧饮者的肝脾。清淡或者'微红'的葡萄酒是'所有酒中最健康的'。白色和浅色的葡萄酒，清澈明亮得让人迷恋。这些葡萄酒特别轻盈，可用于烹饪，它们易于消化，也便于及时运输、出售。这些酒促进排尿，虽不滋养身体却让人精神焕发，因此所有人都渴求得到它"。波尔多的葡萄酒也同样因为医学推广而广为人知：这些酒有利尿的作用，而且容易消化。相反在勃艮第南部地区出产的葡萄酒（桑斯，欧塞尔，通内尔以及茹瓦尼）"总体上是红的"，它们更加苦涩粗糙，更难以消化。波尔多和勃艮第之间的争执在当时就是基于这种医学"现象"的不同。那时候，新的"葡萄酒之战"还没有开始，双方都还保留各自的优点。如博讷的葡萄酒要排在前列……这样的酒是特别纤柔的物质，带有一种鹌鹑眼的红色，不会显得迷雾缭绕，也不会像那些奥尔良的葡萄酒一样考验和刺激脑袋。而香槟区的艾镇出产的葡萄酒则是"浅红或是浅褐色，微妙且精致，有着强烈而怡人的口感"，因而颇受国王、王子还有领主们欢迎。此外其他地方的葡萄酒，像法兰西岛地区、阿让特伊地区、蒙马特地区、奥尔良还有安茹地区出产的葡萄酒，都被认为是值得品尝和有医疗价值的葡萄酒。

　　在人文主义者的笔下，各种关于葡萄酒针锋相对的意见统统都被概念化：例如甜的或是苦的、强壮的或是柔弱的、冷的或是热的等。当然这也得考虑到各人不同的脾性。喝葡萄酒还得考虑一下季节。像甜的葡萄酒感觉就是"燥热"的，而苦一点儿或是酸一点儿的葡萄酒则被认为是"寒性"的。所以人们建议，冬天的时候谨慎地喝一点儿甜葡萄酒，这样可以暖身。而到了夏天，则应该喝酸一点儿的葡萄酒，这是不错的消暑方式。"那些小的（酒）是第一阶段的燥热，其他的葡萄酒虽依然很小但更为强壮是第二阶段（的燥热），其他的酒像用歌海娜、马尔瓦西亚、'马洛阿'（淡红酒）以及其他葡萄酿造的酒是第三阶段（的燥热）。生命之水或'火水'是第四阶段的'燥热'的酒。"

　　在众多菜肴中，葡萄酒还作为营养物质出现。人文主义者认为，医生和厨师之间只有一顶无边高帽的区别。当时由葡萄酒制作的酒醋被人们认为是"寒性"而且是"干"的，可以用来平衡肉类中过剩的热量，也能够"干燥"鱼肉中过多的水分。在文艺复兴时期所著作的烹饪书籍中，葡萄酒，果汁和青葡萄（还没完全成熟的葡萄）是能经常看到的组合。这些菜谱都是为了配合医疗手段而研究出来的。

　　人类不仅仅是一具需要小心翼翼喂养的躯壳。它还有着精神性的一面，如伊拉斯谟深信的："葡萄酒是心灵藏身的洞穴。"人类多被认为是自律和理智的。按照拉伯雷的说法，中世纪的（人是）受神恩的造物，感受到种种"粗鄙的不幸"。如同蒙田所说的：理所当然地成为"芦苇般易折"而又多虑的人。给这一物种带来人性的，却是我们缺乏思考，总是非理性，还很固执的消费行为。人之所以区别于动物，是因为我们是唯一可以不为干渴而畅饮的物种。

　　在拉伯雷看来，"人的本质，不是欢笑，而是饮酒"，就如他所描写的酗酒巨人。在拉伯雷笔下，人的形象总是有着美好的体态。他笔下的巨人高康大（Gargantua）实际上指的就是弗朗索瓦一世（François I）——文学及艺术的王子。（拉伯雷笔下的）巨人高康大，无所顾忌，酗酒，且在任何事情上都表现得很过分：不知是为了学习还是为了解渴，它居然吞咽下整本百科全书。随着文艺复兴发展，饮酒者开始扯开领口，畅所欲言。Buveux（意为"垂涎"）一词于16世纪进入文学作品里面，意为"热爱饮酒的人"。带着这种意义，Buveux一词于17世纪被收录入字典中。"闻酒"（Humer le piot，即"品酒"）这种表达方式，也同样来自拉伯雷的作品，他的作品中描述了为何人们选择酒这种饮品——"这种仙露般美妙的、宝贵的，只应天上有的、使人愉快的、赛过神仙的、人称为酒的甘露"[1]。

拉伯雷根据他自己的个性去赋予葡萄酒人的特质。抒情诗人彼埃尔·德·龙沙（Ronsard）曾在许多伟人逝去时，仿效古希腊诗人的风格而发表了传世的《颂歌集》。拉伯雷则因成为虚构或者现实生活中的"饮者之王"闻名于世：

> 从未见阳光洒进窗台，
> 晨色初起，醉意未怠，
> 从未见夜色覆盖天空，
> 夜雾浓重，酒杯未空。
> 他歌颂着巨大的石磲，
> 以及巨人高康大的母马，

---

[1] 拉伯雷创作的小说《巨人传》第1卷第2章。

伟大的巴奴日和他的国度，

让人惊讶的芭比曼人，

还有他们的法律，他们的举止，他们的住所，

以及让·德·安托墨弟兄，

对战斗的认知，

噢你，任何逝去的人啊，

他们的墓穴溢满了酒杯，

溢满……酒瓶，

溢满了佐酒的香肠以及火腿。

　　我们知道的是，拉伯雷年轻时长期在昂热求学。昂热是"一座只有葡萄酒的城市"，拉伯雷曾为圣皮德迈耶兹（Saint-Pierre-de-Maillezais）的本笃会修道院修士（当时本笃会修道院为许多葡萄园的拥有者），也曾陪伴普瓦捷主教在利居热经历过一段美味的旅程。在《巨人传》第 3 卷第 40 章对所谓"庞大固埃式"的宴席的描述中（第 20 节至第 24 节），拉伯雷追忆引述了普瓦捷（Poitiers）、阿让通（Argenton）以及圣哥尔捷（Saint-Gaultier）等地的葡萄酒。他给巨人高康大设计的庆典流程中，很让人意外地加入了他在 1528—1530 年在巴黎居住时的回忆。在蒙彼利埃，拉伯雷挖掘了朗格多克葡萄酒，尤其还有希波克拉这种香料酒，这也是书中庞大固埃和他的朋友们经常饮用的酒。在盛产南法葡萄酒的里昂，拉伯雷医生于 1532—1533 年和 1535—1539 年在此地行医。在《巨人传》的第 5 卷，我们可以找到拉伯雷在"葡萄酒先知所在的欲望岛屿里"列举了这些葡萄酒。然而，代表他年轻时的葡萄酒——卢瓦尔河谷、布尔格伊、索缪尔、图赖讷

以及希农（靠近拉伯雷的故居德维尼耶）的葡萄酒，始终是他的挚爱。可以看出，在拉伯雷的虚构作品中，像他这样的饮酒家所具备的知识和品位体现得淋漓尽致。

总体来说，在拉伯雷的作品里，饮酒有三种象征性的功能。首先，葡萄酒是生命的象征。巨人高康大在出生时喊着"要饮酒"（Àboyre），发出生命的搏动。在巨人传第5章《酒客醉话》一段里，他强调要"永恒地喝下去"，因为"干的地方，灵魂是待不住的"。此外，在这个偏激和充满谎言的混乱时代，葡萄酒带来了一股"酒后真言"的清流。《酒客醉话》（第3卷序言）的一段谈话里表明，只有在葡萄酒的圣殿里，人才能变得自由和理性。最后，饮酒赋予了这疯癫的世界创造性的孕育力和睿智："美好的希望躺在最深处，就如同潘多拉的酒瓶，绝不像达那伊德斯（Danaïdes）的桶那样毫无希望。"人文主义的信息从酒窖中飞出，在桌边漫谈及饮酒的场合里传播出来。"干杯！享用吧！"这一声祝酒，代表了宽容和自由的信息。言辞的交流助长了葡萄酒的广泛流通。

蒙田（Montaigne）也一样充满智慧。这位波尔多领主所拥有的园地就靠近今天的葡萄酒名庄柏图斯（Petrus）。他自己也参与到了对所谓的"葡萄酒"的崇拜之中："我就用跟其他人一样的大众方式去喝酒。在夏天或者是在一餐中，喝到第4杯酒可是不太好的兆头，为了不打破这份民意，我得在喝到3又1/2品脱①的时候停下酒杯了。"

蒙田对酗酒的危害十分了解，他说："……其他人的酗酒让我觉得既下流又粗鲁……其他的恶习破坏了人的理性，而它却相反，伤害的是身

---

① 1品脱≈75厘升（CL）。——编者注

体。对一个人来说，最差的状况就是失去理智，还控制不了自己的身体。"

　　蒙田还用一个喝多了的妇人为例说教："曾经有一个我很尊敬和赏识的妇人让我印象十分深刻。她的家在波尔多旁边，靠近卡斯特尔。这位生活在乡村的妇人，一直为过世的丈夫守寡，在村里有着贞洁的名声。直到有一天，她出现了怀孕的征兆，她跟邻居解释说，如果她丈夫还在的话，那她倒是会觉得是怀孕了。但是随着一天天过去，关于她怀孕的怀疑不断增加，直到她的肚子十分明显地隆起，再也掩盖不住了。最终她去了教堂的告解室承认了这个事实。她承诺会原谅那个让她怀孕的男人，如果他能够迎娶她的话。她的一个年轻的仆人承认是他所为，他说，她在一个节日上喝得酩酊大醉，睡在了他的房间。她睡得很沉而且衣衫不整，因此他对她行了非分之事，也没有弄醒她。最终，他们结了婚并住在一起。"

　　这个发人深省的故事完美地印证了喝醉酒的社会危险性，以及在那个时代，远离社区、教会及家人而离群索居的危险性。她向人们展示了醉酒的耻辱及未婚生子的罪行。从那时候开始，喝酒的女人一直被认为是可耻和罪恶的。1611 年，英国的文献学家朗达尔·寇特葛雷夫，通过蒙田的文学作品，让人们接受了他的谚语："贪吃而又酗酒的女人，是控制不了自己的肉体的。"而对于那个犯下强暴罪行的男人，人们却觉得他没做错什么。

玻璃瓶的革命

　　中世纪的时候，葡萄酒因应教区及领主的需求而流通。从 16 世纪开始，葡萄酒的贸易诞生了新的形式：专业的酒商开始出现了。

在勃艮第地区，第一批商业公司出现在了那些免除了地役权，同时热衷于追寻财富的城市里面。按照第戎的行政官员和议员们的说法，这些商业公司被称为葡萄酒经纪人。他们的角色就是居中协调生产者和买家。在随后的一个世纪，人们将其称为代理商。一些成立于18世纪上半叶的葡萄酒酒商，甚至现在依然存在：香品酒庄（Maison Champy），拉维罗特（Lavirotte），宝夏父子（Michel Bouchard），利堡（Labaume），雄鸡父子（Poulet）等。它们那时候就开始主营瓶装的特级园葡萄酒。自这一时期起，玻璃瓶的革命开始了。

在波尔多，老城北部的沙特尔区依托靠近沙特龙港口的便利，出现的贸易商不胜枚举。通常来说，这些外来的酒商都来自英国：英国酒商巴顿家族自1725年就在波尔多经商，而约翰斯顿家族则在1735年到达了波尔多。稍晚一些时候，波尔多拥有了一批由德国人、丹麦人和荷兰人建立的葡萄酒贸易公司。酒商与酒庄的联系是由所谓的"葡萄酒经纪人"牵线搭桥的。其中，18世纪最著名的葡萄酒经纪人叫亚伯拉罕·劳顿，而他是爱尔兰人。

这些贸易公司出售的商品会根据市场需求而变化。就这样，传统的淡红酒便被18世纪初出现在英国市场上的"新法国淡红酒"取代。这些新的淡红酒也像它们的祖先一样产自波尔多，比起以前那些酒，它们的酒色更加鲜艳，但呈深郁的宝石红色，而并非那种老旧的桃红颜色。这种新葡萄酒品种的出现还带来了口味上的变化：人们称这种新的法国淡红酒具有"树汁"般的口感，酒香浓郁。当然今天我们通常将这种口感称为"单宁感"。单宁感来自长时间的橡木桶陈酿过程，正如上文所说，这样的工艺是不会被用在酿造传统的淡红酒上的。从这时候开始，英国人爱上了那些强壮且单宁感强的葡萄酒，并根据不同地区的消费习惯来生产这些葡萄酒。然后波尔多的酒商们自行实现了"混酿"的工艺。

为了迎合英国市场上新的需求，以及对抗因 1703 年英葡两国签订《梅休因条约》而带来的波尔多葡萄酒在英国市场上的竞争，波尔多的酒商们毫不犹豫地在加斯科涅山区以及左岸的格拉芙地区投资酿造高单宁感的红葡萄酒。他们开始把这些葡萄酒放在他们位于沙特龙区域的酒窖里面等待成熟。随后，这些酒商根据葡萄酒的等级，以及买家的社会地位，制定出了一套价格等级制度：例如特级园（Grands Crus, 贵族饮用的葡萄酒），士级名庄（Crus Bourgeois, 出售给那些还没有贵族称号的人），手工作坊（Crus Artisans, 出售给乡绅阶级），以及农民庄园（Crus Paysans, 出售给那些已经拥有几公顷土地将要成为资产阶级的农民）。就这样，商人支配了农民的土地，并推进了社会的分化。

事实上，所谓的"黑葡萄酒"并没有大量地涌入英国人的酒馆里。因为这样的酒实在太贵了。1666 年，在奥比昂酒庄庄主弗朗索瓦·德·彭塔克于伦敦经营的奢品酒馆、杂货店（他的父亲阿尔诺是这里的房东）中，红颜容酒庄（Haut-Brions）的价格就比赫雷斯白葡萄酒要贵上 3 倍。路易十四时期的英法战争让英国市场上的波尔多葡萄酒更加罕有和昂贵，尽管在这段时间，奥莱德·德·利斯通纳（Aulède de Lestonnac）家族仍然在推销他们的玛歌酒庄，而塞古尔家族（Ségur）在推广他们的拉菲（lafitre）和拉图（la-tour）两家酒庄。确立这些名庄无可匹敌地位的，除了高昂的价格，还有其产品的外观。1730 年前后，波尔多地区诞生了第一家玻璃瓶厂，从那时候开始，波尔多葡萄酒便开始装入瓶中销售了。1735 年，第一批皇家法令规定了酒瓶的重量和容量，此外还帮助定义了著名的"波尔多瓶型"：圆柱形，瓶肩方正，容量为75厘升。自此，贵族们的酒窖中便开始流通和储存这些波尔多名庄的酒：截至路易十六统治末期，共生产了300万个波尔多酒瓶。

通过热爱奢华生活来巩固朝廷的国王，无疑是最优质的客户群体。1783年，凡尔赛宫的酒窖拥有当时最全的名庄酒藏品。大多数时候这些酒都是用橡木桶运过来，之后再用塞夫勒省皇家水晶厂生产的特殊酒壶分装饮用。然而有些酒来到皇宫的时候就已经用瓶子装好了。瓶装葡萄酒起源于勃艮第葡萄酒：那时候皇宫里收藏了655瓶伏旧园，195瓶罗曼尼-胜维旺，185瓶1774年的香贝丹，200瓶1778年的李奇堡。但比起皇宫里还收藏着的5 000瓶康斯坦斯葡萄酒（南非开普敦产区），3500瓶匈牙利的托卡伊，4 000瓶马德拉酒，特别是还有5 000瓶香槟来说，这些勃艮第酒的收藏量还是太少了。

有时候顾客也会到当地购买葡萄酒。当时的新国家美利坚合众国的驻法大使，曾在路易十六的宫廷工作过的托马斯·杰斐逊，就开始了他在欧洲的葡萄园之旅。1787年，他特意去勃艮第采购了许多葡萄酒（蒙哈榭，伏旧园，罗曼尼，香贝丹，波马尔产区的科玛园，默尔索的金滴园，沃尔奈等）。这些采购来的葡萄酒都在他位于美国弗吉尼亚州的蒙蒂塞洛府邸的酒窖中有记载。后来，这位驻法大使成为美利坚合众国的总统，并把他的葡萄酒收藏运到了华盛顿的白宫。

当然，更常见的是将葡萄酒直接出售给消费者。到了新的时代，葡萄酒的流通范围得以扩张，通过水路流向各地。

在法国，河流保证了葡萄酒必要的流通。源头位于科拜尔的洛特河，其分布在从昂特赖格镇到特吕耶尔河出口的支流都可以通航：于是产自卡奥尔（Cahors）的"黑葡萄酒"便可以正面对抗波尔多的葡萄酒。1750 年，有 1 500 万升—2 000 万升葡萄酒通过洛特河流向艾吉永市和波尔多。更北边靠近大西洋的一边，平静的夏朗德河将昂古莱姆的葡萄酒运输到拉罗谢尔。罗纳地区那条"古老"的高卢-罗马时期运河，两岸的丘陵上如串珠般分布着无数的葡萄园，依托着这条大河，人们建立起了水上交通和港口：吉沃尔港负责运输里昂地区的葡萄酒；维埃纳河还有孔得里约两条河流负责输送罗纳河谷产区罗迪坡的葡萄酒；塞里耶尔和昂当斯两条河则带来了北方阿尔代什省地区的葡萄酒；坦恩和图尔农两条河上流通着埃米塔日的葡萄酒；圣皮利，瓦朗斯，勒泰伊这三条河上流淌着的"罗纳河谷山丘"的葡萄酒，后来这里由 1729 年颁布的皇家法令规定而成为法定保护产区，覆盖了阿维尼翁和它的腹地城市维勒讷沃，以及更南部的博凯尔和阿尔勒两座城市。至于卢瓦尔河，则"吞咽"了那些安茹、索默尔和武弗雷出产的葡萄酒。

由于缺少适合航运的天然河流，国王下令修筑运河来满足运输的需求。南部地区（Midi）修筑的运河，将塞特和图卢兹两座城市联系起来，这条运河自 1680 年开始就服务于法国南部这两座重要城市的小麦和葡萄酒的来往运输。布里耶、奥尔良以及和它并行的卢万河这三条运河使得卢瓦尔河中段的葡萄酒可以运输到首都地区。卢瓦尔河中段的布卢瓦（Blois）和日安（Gien）中间的这些运河，比塞纳河和马恩河有着更强的运输能力。然而这些地区出产的葡萄酒的质量都不高，特别是1709 年后人们在卢瓦尔产区种植的那些"大黑"品种以及"有色"品种，质量就更差了。根据 1791 年作为包税官的拉瓦锡的报告，他通过卢瓦尔河向巴黎运送了 20 000 桶的酒，差不多 6 000 万升葡萄酒。

在卢瓦尔地区出产的葡萄酒中，有一部分成为"海上葡萄酒"。在法国的西南地区，来自卢瓦尔地区的葡萄酒在波尔多或者利布尔纳装船运往英国。1776 年，在昂热城附近的塞桥区，荷兰的商人将卢瓦尔地区以及小莱昂区（Petit Layon）产的葡萄酒汇集起来，通过运河运输出去。

　　而在法兰西王国的另一端，拉瓦尔达克港口吞吐着数量巨大的雅邑白兰地。更北边一点的地方，雅尔纳克以及干邑的生命之水，也和来自下卢瓦尔河地区被称为"沸腾酒"的小葡萄酒一起被运到了大西洋港口。这一情形孕育了人们对一种新型饮料——烈酒的渴求。

干邑：酒的灵魂

　　酒精从修道院的药房走出来以后，走上了一条愉悦人们味觉的道路。17 世纪的酒商将葡萄酒加以蒸馏，这样他们就能够更好地保存这些酒，让他们能够养活自己的团队。经过蒸馏后，酒的体积变小，而且商人还能通过到达目的地后往酒里掺水的方法赚取额外的利润。"生命之水"的运输模式最早是由荷兰人发扬光大的。

　　在 16 世纪脱离了西班牙的控制之后，荷兰共和国成为世界上第一大海上运输强国，垄断了海上的贸易之路。最开始荷兰商人通过北海和波罗的海的港口运输法国的葡萄酒，同时荷兰人还分销那些"商业药茶"（如咖啡，茶还有热巧克力）。他们还激发了人们对甜白葡萄酒的热情，例如荷兰人 1650 年后推广的蒙巴兹雅克（Monbazillac）。随后约在 1700 年，荷兰人还发展了那些高酒精度的红葡萄酒。

　　在法国多尔多涅省的贝尔热拉克地区，罗塞特以及佩夏蒙的葡萄园引种了许多红葡萄品种（皮诺系葡萄），这些红葡萄品种从那时开始就成为这两片地区主导的葡萄品种。就像我们之前提到过的一样，这里出产的葡萄酒被装上驳船沿着多尔多涅河直下到利布尔纳港口，荷兰人在这里将葡萄酒装上海船。葡萄酒加强了荷兰人与新世界（包括"新英格兰""新法兰西"等）的联系。为了跨越葡萄酒产地与目的地之间漫长的征途，商人们需要将葡萄酒烧制成"烧酒"。这些"烧酒"在德国地区被称为"brandevin"，而在英国则被命名为"Brandy"，就是我们现在说的白兰地。

而在夏朗德河地区出产的"烧酒"，则要有区别地命名为"干邑"。大香槟区（Grande Champagne）在干邑（科涅克）市的东边，小香槟区则位于南侧，西边的地方便是边缘区，集中围绕着干邑的还有上乘林区、优质林区和普通林区三大产区。干邑地区种植着一种除了供当地人饮用外没有其他任何价值的野生白葡萄品种。我们只能将这个历史故事当作一个传说吧：大概在1598年，有一天居住在干邑区的雅克先生想要将他在贝雷（靠近瑟贡扎克县）出产的葡萄酒蒸馏一下。于是所谓的"火一样的液体"诞生了。蒸馏这一技术扩散到了整个干邑地区，随后还流传到了欧尼斯（Aunis）、圣通日（Saintonge）还有安古莫瓦（Angoumois）等地。在夏朗德河的下游地区，果农们选择种植更好的葡萄品种：鸽笼白，还有白玉霓（又被称为"圣爱美隆"）。到了17世纪，这里的葡萄品质和酿造葡萄酒的技术都有了很大的提升，而随后这些酒都被送入蒸馏釜中制作蒸馏酒。为了蒸馏出"酒的灵魂"，夏朗德省的酒农想出了将第一次蒸馏头道原汁再次放入大锅中蒸馏的方法：这就是所谓的"双蒸馏法"。双重蒸馏的蒸馏釜于是便被称为"夏朗德蒸馏釜"。这种蒸馏釜的良好加热能力，还有两段式蒸馏功能，使得它能够保留"酒头"流出来后的"酒心"部分，并能很好地分离开"酒尾"部分。对于"生命之水"来说，它的品质取决于对蒸馏液的分离是否完美。而为了让最终成品有着琥珀般的色泽，人们在酒液里面加入焦糖：于是我们进入了"干邑"的时代。

精英阶层对干邑十分喜爱。由葡萄酒制成的"生命之水"很快成为水手还有靠海生活的人们日常饮用的饮品：沿海的佛兰德地区总督在 1707 年视察他的行政官员的工作时发现："他们不喝干邑根本就没法干活，拜他们所赐，干邑已经成为一种颇具规模的消费品。"那些"小"葡萄酒在复活节到来时就要变成醋了，而通过火烧的方式，它们重获了新生。这是干邑和雅邑的起源，尽管不太值得一提。"我们烧制了不少葡萄酒来制作生命之水，并运送到英国和荷兰。"蒙托邦地区的总督曾在 17 世纪提到过。

"生命之水"在海外的推行靠的是一帮特殊而颇具影响力的人：在1685 年南特敕令（1598 年法国国王亨利四世在南特城颁布的宗教宽容法令）被废除后，新教徒群体被恶意地驱逐出法国（我们至今还深刻记得拉罗舍尔人和法国加尔文宗教徒的悲惨命运）。这批新教徒来到了西欧以及北欧寻求庇护。他们保留了原有的饮食习惯，并通过贸易为这些国家带来了这种全新的饮品。1718—1736 年，拉罗谢尔还有通奈 - 夏朗德两个港口，各自的年出口量平均达到了 28 000 桶。

尽管如此，这种新的饮品在法国本土还是取得了成功。1698 年，居住在巴黎的英国医生马丁·利斯特（Martin Lister）记录下了当时的盛况："在每一顿大餐之后要吃甜品时，人们的习俗是要佐以这样的烈酒，或者是其他够烈的酒。这些酒来自法国、意大利或是西班牙，人们都喝得十分放肆。"按照他的说法，人们对这样的酒的迷恋，很可能是战争的间接结果：军人们在回到法国后也同时带回了在佛兰德地区征战时那种紧绷的生活习惯。马丁·利斯特医生所看到的是，他 30 年前到法国时看到社会氛围和结构已经深受战争影响了："曾经人们是苗条而消瘦的，但现今这里的人油腻而肥胖。女士们尤是如此。在我看来，无可否认，这得归罪于人们喝了太多这些加强的烈酒。"

实际上，那时候的女士们都是自愿参加这些社交聚会的。1670年，奥利维耶·道尔姆松（Olivier d'Ormesson）在他的日记上同样记载下了当时的情况："上流社会的女士们不仅仅关心餐桌上的浓汤或者是炖肉的滋味，她们早上9点就开始品尝5~6款酒了。"然而30年过去了，那些王庭里的实权派却指责身边这样的恶习流毒太广了："不仅仅是女孩们在这里喝到烂醉，那些品行高贵的人也同样如此。"就连他的儿媳妇也免不了他的谴责："她啊，每个星期总有三到四次醉得就跟个敲钟人似的。"同样那些参加祭酒的女人也是："对于法国的女性，喝醉酒实在是太常见。马扎然夫人所留下的女儿，黎塞留女爵就将这事儿做到了极致。"就连圣爱美隆公爵也没有忘了在他的回忆录中有所保留地记录下这段逸事。

这种新出现的女性放纵行为，其实也是对男性的一种模仿，是那些厌恶女性的道德家所创作的讽刺作品。例如桑德拉·德·库尔蒂（Sandras de Courtilz）曾写下：自从酒成为时尚的一环，（女士们）有了借口去放纵饮用她们想要喝的所有东西，她们甚至将白兰地像清水一样饮用。桑德拉看到的是一个大环境的改变，特别是两性关系之间的转变："以前都是男士追逐女性，而现在却成了女性追求男士了。对于最后这一点真的是变得越发放肆了，她们将如此的堕落行为推至如今这样的境地，以至于她们中的很多人连自己的荣誉也不要了。"

然而，此时在英国和法国，一种新的葡萄酒正在迸发出它的美妙气泡。

香槟：气泡的革命

香槟区的丘陵、酒庄及酒窖在 2015 年 7 月 4 日被联合国教科文组织收入世界遗产名录中。该组织提到，这里是"起泡葡萄酒酿造方法诞生的地方，二次瓶中发酵酿造起泡酒的方法在 18 世纪诞生在这里，而到 19 世纪完成了早期的工业化生产方式"。世界遗产名录中明确地提到了欧维莱尔（Hautvillers），艾镇两地历史性的葡萄园；兰斯市圣尼凯斯（Saint-Nicaise）的山丘；有着多达数十家香槟酒商坐落的香槟大道；还有埃佩尔奈（Épernay）市的查博罗尔城堡（Fort Chabrol）。这三者组合起来展现了"生产香槟的全部工艺"。

17 世纪初期，巴黎医学院院长居伊·帕丁（Guy Patin）指出，这种酒（香槟）适用于："增强所有器官的力量，帮助入睡，还能辅助胃部良好消化。最后香槟还能让人从沮丧中走出来，是那些喝着兑水葡萄酒的老年人的强大伙伴。"这里说的其实只不过是香槟的营养作用。然而最早欣赏这一葡萄酒酿造方法的人来自殿堂之上："艾镇的葡萄……是精致而纤柔的，饮用它让人感到愉悦。它很容易被消化，因此成为国王以及王子们日常饮用的酒。"事实上，我们知道亨利四世所喜欢的是这种让人平静的酒，而他的继承者们，也并不厌恶这样的酒。"香槟酒"这一名称从此在巴黎流传开来，并从凡尔赛宫一直传播到伦敦。

然而，这样的酒口感并不强烈，也经不起在桶里陈酿。春天回暖后，这些酒便开始再次发酵：这种"起泡的酒"有时候会撑破没有加固好的酒桶。那时候可还没有酒瓶子来装酒，这些被人们叫作"哭泣的酒"会冒着气泡从橡木桶的木条连接处涌出来。所有这些酒都得在葡萄采摘后的 8 个月内喝掉，哪怕是那些产自艾镇产区的好酒也是如此："因为这些酒的度数不高，所以也不必兑着水来喝，因为额外的添加会让人减少对酒的好感。"

　　和其他领域一样，香槟技术的进步源于英国。贵族阶级在经历了1640—1660年英国革命的动荡不安后，开始寻求新的乐子来缓解压力。波尔多产的淡红酒已经不再能够满足这些焦虑不安的喉咙。香槟地区出产的白葡萄酒，特别是17世纪上半叶那些被认证产自锡耶里的葡萄酒，给英国王室带来了新的味觉愉悦。同一时间，煤炭工业的发展使得生产更加坚固的玻璃瓶（厚底，瓶颈处有加粗圆环）成为可能。制作这种酒瓶的概念早在1620年由罗伯特·蒙塞尔（Robert Mansell）提出，但直到技术成熟后才由肯尔姆·迪格比（Kenelm Digby）推广普及。同时出现的还有能够保证香槟长久陈酿和密封的软木塞。这才真正地迎来起泡酒的时代。

　　起泡的香槟酒，就像"智者舌尖上绽放的莲花"一样，它因为斯图亚特王朝的复辟而被世人所发现。关于香槟的描述，最早出自1676年乔治·埃塞里奇（George Etheredge）的话剧《时尚之人》（The Man of Mode）。1662年，被路易十四驱逐流亡的自由主义哲学家查尔斯·圣-依瑞蒙（Saint-Évremond），被查理二世的皇庭所接纳，并增加了对香槟的中介贸易。当时的香槟酒在运到英国时是"静态"的，英国人负责在酒桶中加入"起泡液"来让这些葡萄酒"起泡"。"起泡液"中含有陈一点儿的葡萄酒，以及岛国出产的甘蔗糖，可以让葡萄酒再次发酵。加了"起泡液"后英国人便将这些葡萄酒装入他们自己制作的坚固酒瓶中。

　　然而在《赖斯韦克条约》（1697）及《乌德勒支条约》（1713）签署的两段和平期之间，英法两国之间的战争影响了葡萄酒的流通。直到英王摄政期间，英国产的酒瓶才得以进入法国。而香槟得以起泡的工艺才能最终实现。当然，最终香槟的瓶子还是在本土生产的：起泡的香槟酒产自香槟区，而瓶子则来自阿戈纳森林（Argonne）。1728 年，香槟商人迎来了王室批准用玻璃瓶装运葡萄酒的法令：法王路易十五允许了香槟的运输可以每 50~100 瓶香槟用同一个篮筐装载。但商人们的利润很大程度上取决于对爆瓶的担忧。

可以说，起泡酒造就了香槟商人。1716 年，兰斯地区一个呢绒商人的儿子——克劳德·酩悦（Claude Moët）在今天的香槟之都埃佩尔奈买下一片葡萄园，成为一名酒商。酒庄建立的位置就在现今著名的香槟大道上。在石灰岩构成的地下，克劳德在 1720 年开挖了第一批地窖用来储藏他的第一批葡萄酒。在路易十四糟糕的执政结束后，法国迎来了奥尔良公爵菲利普开明而自由的摄政时期，这时饮用起泡酒的风尚也发展了起来。1715 年以后的法国贵族都热衷于参加畅饮美酒的聚会。于是酩悦先生成为诺艾莱公爵元帅（Noailles），旁提耶夫公爵（Penthièvre），及路易十五王室的供应商。

> 一来到富人的餐桌上，
> 这鲜果酿成的干露，
> 被装在让人舒畅的杯中端上来，
> 在轻柔的响声里带起了欢愉，
> 甚至在那些最严肃，最乖巧的脸庞上，
> 我们看到了快慰、泰然的神色。
> 笑声与交谈此起彼伏，
> 再也不能找到

有此般妙用的神奇饮料了。

　　在香槟之都埃佩尔奈附近的欧维莱尔修道院，聚合了当时所有起泡酒生产者的主要"领军者"。像唐培里侬（Dom Pierre Pérignon），他执掌修道院酒窖47年，为他赢得极好的名声。1668年开始，他负责管理修道院20公顷的葡萄园。巧合的是，他和路易十四在同一年出生，也在同一年去世（即1639—1715）。唐培里侬带动了当时的贵族饮用这种新式饮料的风尚，也让它成为奢华的标志，因为当时有钱人才能喝到这样的饮料。我们无疑给唐培里侬赋予了许多他应得的赞誉。唐培里侬所发明的并不是那种常见的微气泡酒，他给欧维莱尔修道院带来了一种更为出色的起泡酒。首先可以肯定的是，唐培里侬完善了混酿葡萄的技术——特别是混酿来自不同葡萄园黑皮诺葡萄的技术。其次，他改进了快速压榨的工艺，使得葡萄汁不容易变色。最后，他还细致谨慎地规划了葡萄酒入窖陈酿的技术：他在岩石上挖出一个深且干燥的洞，然后在葡萄酒中加入蛋清促进沉淀，再小心地将澄清后的酒液取出。澄清的酒液装入酒瓶后就能够终止发酵的过程，但这时候的酒里面还残存着糖分，如果酒瓶密封性足够好，这些残余的糖分就能够产生气体让酒起泡。这时候，人们也开始采用加厚的酒瓶和用铁丝捆绑的软木塞来代替老旧的、用于捆绑瓶塞的软绳子。

　　"那儿有个开心的客人，抓过一瓶装着来自兰斯或者是艾镇的美酒的密封酒瓶。一打开，瓶塞都崩到房梁上了。"

　　香槟酒塞被崩到房梁上的场景当然很常见，但在那个时代，香槟往往只出现在贵族们的餐桌上。在1750年，大约出产了20万瓶香槟。那时候香槟的价格很贵，在巴黎可以卖到6~8利弗尔——相当于一个熟练工人 4 天的工资，显然，喝香槟成为社交活动中彰显身份的一种行为。有身份的人才能饮用香槟，在那个时代，就连女性饮用香槟也是被普遍接受的。一场接一场的沙龙聚会上，女人们手中的香槟为她们增添了活力。对于蓬皮杜夫人来说，这可是唯一能够治愈丑态，同时让来宾容光焕发的葡萄酒！对于在场的其他女士来说："香槟让她们眼神闪亮，却不会让她们脸色羞红。"

每一个上流社会的打油诗人都会在他们流里流气的诗歌里写上这些：

"他那如繁星的体温 ①

仿佛没有了身体，

永远无法触及自然，

再无喧嚣入耳。

但没有踩踏，没有麻烦，

我们感觉在一条条的脉搏里。

流淌着这种多情果汁的火。"

或者再次：

"一场友好的宴席，

怎可没有冒着气泡的香槟？

他将这酒带上了桌子，

爱着，笑着和玩乐着！

当软木塞破裂时，

---

① 让·弗朗索瓦·德·特鲁瓦，《生蚝午宴》(1735)。

我们看到了，

跳动的闪光，

和快乐的信号。"

在那些奢华的城堡里，人们以饮用香槟来彰显和区分身份地位。民主派学者狄德罗，他的仆人惊讶地喝上了第一口香槟："雅克可以一口气喝完两到三杯满满的香槟，也就是说，他刚把酒倒进杯子里，就马上把杯里的酒倒入嘴里了。"这位仆人粗鲁的举动和态度，最终被主人处以棍棒殴打的惩罚。香槟这时候还是被收藏在贵族的家里，而普通民众想要喝一口香槟，就得跑到小酒馆里去。

城市中的小酒馆：葡萄酒的新零售

近现代的农民饮酒变得十分节制。农民种出了葡萄，酿成的酒却被那些住在城堡里的老爷饮用。那些古老的领地律法常常复苏，而农民有时候就得因为这些律法而支付金钱。这样就衍生了现代葡萄果农的"果农租佃"原则：葡萄果农们按年度用葡萄果实或者金钱来支付租金，租金的支付根据租的田地面积来交付给田地拥有者相应的收成。通过"果农租佃"制度，中产阶级和贵族的土地拥有者完整、严格并直接地控制葡萄的种植生产。

对于农民来说，他们只能继续饮用一些酸涩的劣质葡萄酒，或是喝点高卢时期就开始酿造的燕麦啤酒甚至是蜂蜜水。在拉伯雷的笔下，他希望让大众回想起物质丰富的年代，然而今天的法国更为人所知的却是它的节俭。农学家奥立维尔 – 赛尔（Olivier de Serres）曾提到，一对农民夫妇每个月只有 4 升的葡萄酒供个人饮用。一个世纪之后的 17 世纪末期，法国元帅沃邦（Vauban）在参观完韦兹莱（Vézelay）的选举后甚至发现，当时的农民每年只有 3 次饮酒的机会。在其余的时间里，他们的饮料只有水。只有那些在大宅子里为贵族们辛苦劳作的人，才能有一点儿"小的果酒"或者那些"青绿的葡萄酒"喝。勒蒂夫·德·拉布雷东在同一时期回忆起，在著名的葡萄酒产区欧塞尔，人们饮用葡萄酒也非常节制："作为一家之主的父亲，喝得很少也很慢，他通常在跟老人们一起时才喝。喝酒对作为家庭主妇的母亲则只是想想而已，平时只能喝水，而她的丈夫却可以喝得满脸通红。犁地的男孩子们还有种葡萄的果农们却喝着比他们主人喝的更好的酒，这样的酒从来都没有来到他们主人面前，因为'这是一种从脱梗的葡萄里直接压榨出来的葡萄酒'。"

然而城市化之光开始照亮了人们对工作和改善物质生活的渴望。农民们沿着多条公路（路易十五修建的皇家大道）走向了城市。于是沿途需要大量供旅客停歇的地方：邮递员可以换马的驿站，路桥的收费站等。同样，人们还需要吃饭和歇脚的地方。因此，沿着直通城市的道路两旁，各类小酒馆如春笋般冒了出来。漂泊不定的人也需要酒馆来落脚，如出海的水手、建筑工人，以及其他所有为了谋生而选择漂泊生活的旅人（流动商贩、商人，别忘了还有士兵们）。然而依靠土地生活的农民被土地束缚，即使每晚他们都能回到自己的家中，也依然想着将时间花在加入这些漂泊的人群中，在酒馆里睡上一觉或者是吃一顿晚饭。更重要的是，商路的开通促进了以现钞货币为主的交易方式。现钞方便隐藏和携带，它可以随时用于招募士兵、雇用工人及农民，买卖货物，当然还有买春。

1556 年，光是在鲁昂一座城市，就有了 89 家酒吧、旅馆、小酒店及吧台（能够在柜台喝酒的小酒吧）。到了 1742 年上升到了 478 家。同一时期，里昂的 15 万居民就拥有 800 家喝酒的地方，另外还要加上 175 家酒商及一百多位酒馆老板。每年在里昂消耗的葡萄酒在 25 万公石①。大概在 1750 年，巴黎全市分布了 4 300 家酒馆，即每 175 位居民就占有 1 家酒馆。

作为首都，巴黎当然是全国酒馆最密集的地方。17 世纪巴黎的一本古老词典里将"酒馆"一词定义为：一处供人们吃饭喝酒的地方，门口通常有个装饰着常春藤的醒目招牌。词典中举例描述了在巴黎和其他地方都能看到的三种"小酒馆"：

- **第一种**："一罐一品脱"售卖的小酒馆，通常采用零售的方式售酒。
- **第二种**："一罐一餐碟"售卖的小酒馆，这里能够吃饭和喝酒。
- **第三种**：可以提供餐饮以及住宿的酒馆，我们也将这种酒馆称为"Auberges"，也就是酒店。

这三类酒馆的迷人的名字取自诗人圣阿芒（Girard de Saint-Amand）（1594—1661）的诗歌：《群狮之墓》《小玛德琳蛋糕》《妩媚之杯》《无酒之井》。

在里昂，从 16 世纪开始就出现了一百多家酒肆，这些酒肆里面包含从只有一张小条案出售葡萄酒的小店，到可以提供土里土气的座位

---

① 1 公石 = 100 升。——编者注

和桌子的酒馆，应有尽有。这些里昂的酒馆"门面"都有着跟酒馆名字一样含义的招牌，例如"白碳"酒馆的名字跟它所处的街道同名，这家店出售"来自库宗地区的好酒，适合搭配火腿喝"。这家店是拉伯雷开的酒馆，1533—1536 年，他还是里昂慈济院的一名医生。比较经典正常的酒馆名字有：松果酒馆、金苹果酒馆。还有以动物命名的酒店：家猪酒馆、白马酒馆、十字天鹅酒馆、飞鹰酒馆、隼酒馆、狮鹫酒馆、射鸟酒馆等。另外，玩文字游戏的酒馆名称也很有意思，像啄木鸟酒馆（Pichets de vin，Pichet 指酒壶，也指啄木鸟，形容像啄木鸟不停地抬头低头那样喝酒）这样的名字就脱离了语言的束缚了。

酒馆的老板们开始在城市中取得社会地位。在巴黎，酒馆老板们很早就形成了以寡头形式控制资金流动的行业工会。在里昂，这成为一份体面的职业，并且他们之间还会选举出两位顾问，负责挑选领导城市的执政官人选。

那些小酒馆出售的葡萄酒通常都非常劣质，苹果酒也往往是坏的，因为苹果酒的运输过程很艰难。除此之外，还有像酿造得很粗劣的啤酒，甚至掺假的葡萄酒等。诗人尼古拉·布瓦洛在小酒馆里看到端上来的酒简直要疯掉了："在烟雾缭绕的小酒馆，不同的人群来来往往，在这里买到的埃米塔日红酒，颜色跟红宝石一样，尝起来却平淡得只有甜味，没有什么好喝的地方，只有可怕的失望。"

于是哲学家们开始转投了咖啡馆的阵营。到咖啡馆不是为了喝酒——当然那里也不提供葡萄酒，也没有提供特别场合要喝的香槟。这里提供的是供精英阶层喝的时尚饮品——咖啡、茶、热巧克力，这里为的是提供一个讨论交流的地方。巴黎第六区的普罗可布咖啡馆无疑是第一家充满哲学味道的咖啡馆。让普罗可布咖啡馆颇受赞誉的是这里"保守而又充满思想性"的客人，相对地，畅饮葡萄酒的饮者则变得"血性又头脑轻浮"了。

哲学家们有时候也会在小酒店里面逗留，但他们都很讨厌那些喝醉酒的混蛋。卢梭曾抱怨道："过量地喝酒让人堕落，至少可以说，它让人在一段时间丧失理智，并在很长的时间里变得愚蠢。"作家梅西耶（Louis-Sébastien Mercier）也略带恼怒地发现："每逢节日过后的第二天，卖酒的地方门前总是堆满了一打一打的空酒桶。这是人们连续8天狂欢的结果。"而充满贵族气质的伏尔泰，则对大众的饮酒习惯感到不屑，并说道，"让喝酒的人无耻下流去吧"。

显然，普通人都是不懂得如何把持自己的。曾有书籍记载一名巴黎的手艺人是如何自我堕落的："……大概晚上9点多的时候，在他经过一个被大黑帮把控的街道时，遇到了一个只有一面之缘连名字都没有记住的人。他只知道这是一个在市政厅工作，赢了一点小钱的人。在这男子的怂恿下，他们两人走进了同一条街上的一家咖啡馆，一起喝了一大杯白兰地。"最后以这位手艺人和其他醉汉打架而收场。两个男人喝得太醉而胡言乱语，毕竟酒后吐真言。

自由之酒

历史上曾有农民夸张地实施巴克斯献祭仪式①，而没有人知道去通知宪兵队。那时候人们并不认为醉酒会影响公共秩序，所以古时候的掌权

---

① 通常包含酗酒行为。——译者注

者也不会介入控制。

相对地，当时的小酒馆凝聚了各种"帮派"，给"循规蹈矩"的人们带来了潜在的威胁。这种团体聚餐的经济活动潜伏着很大的危机。在酒馆里发生的争斗，所谓的"大众情绪"的一幕幕都被写入德塞维涅夫人的文学作品以及警察报告里面。

其实对于售酒的规制也很早就出现了。比如小酒店只允许接待过路的人。1556年亨利二世就颁布了相关的法令，到1560年查理九世重新修改了这份法令。直到1579年4月30日，议会通过了政策，禁止所有酒店老板接待、提供歇息及售卖葡萄酒给在城市里有居室的人，除非他们买了酒之后就带走。

于是，在饮用酒精饮料较多的地区，人们理所当然地反抗这样的政策。然而这样的政令似乎在此后的一个世纪都很少被执行。在1705—1719年出台的《警务处理方案》里面，作者德拉马尔提到了酒店老板是如何为接待本地人而辩护的过程。人们对此政令完全不在意，这样的人里面还有一位著名的酒徒：莫里哀。这位受教廷追捕的喜剧演员，向人们展示了他对葡萄酒的浓烈喜爱。他常常光顾塞纳河右岸卢浮宫所在区域的小酒馆，然后"把酒喝够，这样就有兴致度过长夜"。莫里哀无疑就是这样一种对大众有危险的人物。

皇室出于对财政收入的需求，最后只能通过放松对饮酒的限制来满足。酒馆的关门时间只有星期天或者节日祭神的短短几个小时。国家一直不停地在寻求新的财政收入来源，来平衡它昂贵的运作成本，如征收消费税和入城税，就是其中两种。在巴黎，这样的税目特别繁重：1638年（对抗西班牙战争期间）一桶238升的葡萄酒要征收3利弗尔，1680年（路易十四战争期间）升到了15利弗尔，到1765年（路易十五对美洲的战争期间）已经到了 48 利弗尔。

这就是为什么"大众情绪"会出现在小酒馆里面。像里昂的"雷蓓恩"（"grand Rebeyne"）酒馆在 1528 年爆发的暴动会载入史册，原因就是葡萄酒的价格突然被提高，以此来支付修复城墙的费用。其他与葡萄酒贸易相关的对抗征税的暴动，让近代史染上了一层血色。1635 年布列塔尼的"红帽"农民组织起名为"印花税票"的暴动，这场暴力的农民起义是为了对抗提高的税收：愤怒的塞维涅侯爵对这场农民运动的镇压表示赞许，并忍不住斥责这些布列塔尼人的酗酒习惯"是一种布列塔尼种族几个世纪以来留下的罪恶"。

国家政府一直担心这些人聚集喝酒的地方会成为社会骚乱的源头。致使 1789 年革命的原因也在于此。这场革命发出了各种意义上的"炮"响——人们希望能够有饮酒的权利。

不过政府要做的是减少边关的偷税漏税行为，并减少征收入境税的关卡，来给正在扩大的城市腾出更多的新地方。巴黎那座"纳税人建的城墙"围住了曾经有巴黎两倍大小的城市面积，也一同把酒鬼们关在了里面。就像一句绕口令说的：围着巴黎的南墙让巴黎喃喃抱怨（le mur murant Paris rend Paris murmurant）。政府的做法使得出售不征税的劣质酸葡萄酒的小酒馆纷纷关门。在巴黎，这样的酸葡萄酒平时一品脱只要 4~5 利弗尔，到了城墙里面就得要 8~9 利弗尔了。1783 年出版的《旅行家年鉴》列举了许多出售酸葡萄酒的酒馆："养猪人酒馆、新法兰西酒馆、小波兰人酒馆、压花面包酒馆、贾维尔磨坊酒馆、付吉拉尔酒馆，大小绅士酒馆，果渣酒馆，还有古蒂耶以及勒普雷－圣热尔韦等地的大大小小的酒馆等。这里所有的小酒馆店外都种着许多树木，树下是人们吃喝的地方。"在巴黎，最有名的莫过于朗波诺先生开的咖啡馆。让·朗波诺（Jean Ramponneau，1724—1802）是涅夫勒地区一个制桶匠的儿子，1740 年前后以一名酒商的身份来到巴黎，并买下了一家带花园的小酒馆，命名为"皇家之鼓"。这里卖的酒只要 3 索尔，比其他的酸葡萄酒还要便宜。他取得了巨大的成功："想要醉，找朗波诺!看全法兰西都在追逐的酒桶，成就了朗波诺的王座。"这些谚语不时出现在各地领主城墙的壁画上。在这些酒馆，经常会有人公开或者隐晦地发表极端言论。在里昂，酒店和小酒馆同样为这座将要掀起革命的城市打开了大门：在里昂维斯社区郊外有超过 100 家酒馆，而爱居易社区（Écully）孤立的围墙边上就有 13 家酒馆（仅有 300 名居民），卡吕居伊社区（CaluireetCuire）有 20 来家，而居约缇耶社区（Guillotière）有超过 30 家。

巴黎以占领巴士底狱象征大革命的爆发，但里昂的革命起始于民众捣毁征收入城税的关卡。在军事政府的煽动征召下，1728 年 7 月 29 日，里昂的民众以上街游行来回应凡尔赛宫网球场里发出的三级会议宣言。民众的暴怒情绪很快变得难以控制，接下来的几天，人们开始往收入城税的关卡涌去，驱赶了驻守在圣克莱尔（Saint-Clair）大门，居约缇耶大桥，佩拉什，还有红十字山（la Croix-Rousse）等地的征税人员，收税的账本被撕碎，收税员的棚屋被烧毁，酒桶也被捅破，葡萄酒在一片"三等的葡萄酒只要 3 索尔一瓶"的欢呼声中被出售。然而军队最终介入，并导致了部分民众的死亡。

在巴黎，人们目睹了 7 月 11 日和 12 日不断出现的骚乱。疯狂的民众捣毁了各处关卡，烧毁那些穿着税务局制服的人像，折磨那些征税的职员。藏在仓库里的酒桶被捅穿，民众的怒火早已经被财政部部长内克尔（Necker）的免职以及军队的镇压而点燃，随着酒液上燃烧的火焰变得更为激烈。7 月 14 日，一名醉汉攻破了巴士底狱的大门。

　　火焰、尖叫声、烟火的味道、酒精带来的宿醉以及激烈的言论，它们共同演绎了什么是"大众情绪"。1789 年巴黎的秋天——在里昂还要等到 1790 年的夏天，灌下一瓶瓶葡萄酒的人们摇摇晃晃地推进着革命的进程。新的国民议会努力去缓和这些举动。经过长时间的讨论，国民议会在 1791 年 2 月 19 日决定取消征税关卡。第二年的 5 月 1 日，协和广场上办起了盛大的节日庆典，全国各地都在饮酒庆祝这一事件。"市政当局会尽其所能，在这场庆典上让民众得益"，政治家卡米耶·德莫兰（Camille Desmoulins）向民众保证。来自奥尔良的 270 839 升生命之水以及 341 车的葡萄酒自由地进入城中。于是，这场革命也代表着民众"饥渴"的一面，而红葡萄酒也自此带上了平等、爱国以及共和的色彩。

Le vin pour tous(xixe-première moitié du xxe siècle)

3

大众饮酒的时代
（19世纪上半叶—20世纪）

在过去的几个世纪里，人们饮用葡萄酒的行为带上了追求平等的色彩。所有人，不分男女老少，都能品尝到这样一种用果实酿出来的美酒。诸如禁酒令、葡萄种植的危机、战争，只给葡萄酒的消费带来一段很短的影响。葡萄酒的生产得到了发展，流通及运输也在加速。葡萄酒的色彩缤纷起来——红的、白的、桃红的甚至是灰的和橘黄色的；酒标和广告也让人垂涎欲滴；酒瓶以及不同形状的酒杯给消费者带来了视觉和味觉的不同体验；"酒类生活水平"一直在提升。这是一个大众饮酒作乐的年代。每年的人均饮酒量在不断攀升。

法国年度人均葡萄酒消费（单位：升）	
单位：年	单位：升
1831—1834	88
1870—1874	136
1885—1889	93
1900—1904	168
1922—1924	194
1935—1939	175

在各地的酒肆里，都有酿酒的人和爱喝酒的民众。葡萄酒让志趣相投的人们组成一个小社会，构成了一个个"小团体"。

第五章
葡萄酒从业者

饮料行业的规模发展得很缓慢，并且在很大程度上依赖于葡萄酒的生产、商业化以及物流的发展。1912 年，工程师路易·雅凯（Louis Jacquet）开发出了一套用于计算饮料行业所需专业人士的系统方法，统计的结果很让人惊讶：当国家的人口总数还没达到 4 000 万时，记录在案的葡萄种植者就有 160 万人，批发和仓储相关的商人就有 3.4 万人；流动的蒸馏工人有 1.6 万人；各类零售商 48 万人；不同的纳税者 11.5 万人。超过 5% 的人口都与饮料行业相关。40 年后，一部描述葡萄种植、葡萄酒销售以及围绕这行业的相关岗位（制桶师、做木塞的工人、工农用具的制造商还有运输车辆制造商等）的电影上映，这部片子"让 1/3 的法国人变得有生机起来"。

葡萄酒相关的专业授课也开始起步。那时候学校已经开始按照不同的年龄段招生，并引入了系统的教学目标，将酿酒的实操（如观察葡萄、参观酒窖、加硫操作及滗清沉淀等操作）与理论相结合。"结业"的课程对于大多数孩子来说，是一种职前教育：这套课程的内容涉及如何"做一名优秀的农民"，特别是与种植葡萄相关。

从小学开始，关于葡萄酒的教育和工作就已经展开。

学校教育里的葡萄酒课程 [1]

- 在压榨机里面压榨白皮葡萄。保留葡萄汁，倒入第一个杯子里，扔掉葡萄皮和籽。其他留在压榨机里的东西都一并清掉。

- 将红皮葡萄压汁。将葡萄汁留在第二个杯子里，并扔掉葡萄皮和籽。

- 在一个碗里放一把叉子，将其他黑皮葡萄果实压汁，葡萄汁留在第三个杯子里。葡萄皮和籽放在葡萄汁上，不时将它们浸入汁液中。

- 每天观察三个杯子，记录你所看到的现象。我们将会讨论你记录的结果。

---

[1] 奥里厄先生，艾维雷先生、常识课，小学课程。巴黎，阿歇特出版社（Hachette），1952. p17。

酿酒者共享的活动

　　"葡萄种植者"这个称呼现在也常常等同于"酒农"（酿酒者），可它的本义就是从事葡萄种植的人。这个词义的改变发生在 20 世纪，改变的背后是农业活动向专业化发展的巨大变革。但在 19 世纪，"酒农"仅仅是指种葡萄的农民，这称呼源于他们所劳作的作物和农田。

　　有些歌曲常常喜欢以歌颂"酒农"的方式来赞美葡萄酒的相关职业。演说家埃内斯特·布尔盖（Ernest Bourget）曾写下了这样一段歌词：

> 优雅的美酒，
>
> 激荡人心，
>
> 这是一曲酒农之歌，
>
> 从咕嘟咕嘟地喝到整瓶痛饮，
>
> 这是一曲酒农之歌。

　　歌唱家德拉能（Dranem）在其剧作《黄金国》的巴黎演出上，提到了穆瓦诺家族（Moineaux）的故事：

> 他们站在穆瓦诺家族的葡萄园间，
>
> 日出日落停留在山丘之间，
>
> 他们采收葡萄，
>
> 将里面的葡萄籽都压榨出来！

葡萄简直到处都是。勇敢的果农在丘陵和山脉之上开垦出一片片葡萄园。在中央山脉的阿韦龙地区，葡萄园坐落在充满阳光的山谷中，两旁高耸的山丘是牧牛放羊（欧布拉克及柯西两个村庄）的地方。1870 年，这里的葡萄园面积达到了 2.5 万公顷。同一时期，城市被葡萄园的美景围绕。城市里的居民也热衷到葡萄园里郊游，人们甚至会在自己家里栽种葡萄。巴尔扎克的父亲赛夏，曾是昂古莱姆的一名印刷匠和马尔萨克地区的一名果农："热罗姆 – 尼古拉·赛夏不愿辜负他的姓氏，永远口渴得厉害。嗜酒的习惯在那张大熊脸上留着标记，使他的长相与众不同：鼻子尽量伸展，近乎一个三倍大的标准大写 A 字，布满血丝的面颊像葡萄叶，红里带紫，长着许多小瘤，往往还有细毛点缀；整个脸庞仿佛秋天的葡萄叶包着一只大的鸡㙡菌。"

所有的人都希望拥有属于"自己"的葡萄酒。所有人都想成为"酒农"。所以就连法国浪漫主义诗人阿尔方斯·拉马丁在故乡马贡靠近圣普安（Saint-Point）和米利（Milly）的地方都拥有 50 公顷的葡萄园。1848 年 9 月 21 日，拉马丁给他妹妹写了《这是一封给酒农的信》，而这一年正值 1848 年革命。而他也将迎来总统选举，这场选举将诞生出新共和国的首位总统。"照料好我今年三个酒庄的收成。敦促酿酒的人（做好本分），他们需要以此来换取冬季的面包。如果可以的话，帮我装上 1 800~2 000 桶酒。将圣普安和米伊两地的葡萄酒混合起来……告诉我的酒农们，我的心和他们同在。我不是一个诗人，我是一个伟大的酒农。"

这些葡萄园的主人成为行业运转的一部分。在 1850—1960 年的百年间，葡萄酒世界开启了转向协会化、工会化及合作化的尝试，这种尝试是建立在人与人友好互助的基础上。无疑这种基于人际关系的生活方式给历史学家留下可追溯的痕迹很少，除了那些正式的协会和工会提交给当局的社交准则和政府的监管记录还能让我们一窥当时社会的风貌。

在 19 世纪 80 年代之前，法国人的人际交往还相对腼腆。协作性的生活方式出现在 19 世纪下半叶，同时也衍生出了一系列延续到今天的法律：1852 年出现了关于救济互助的法令；1884 年颁布的瓦尔德克-卢梭（Waldeck-Rousseau）法律允许组建（包括农业）工会；1901 年通过的法律则与协会有关。酒农之间的救济互助组织在葡萄酒的主保圣人，通常是圣文森的名义下进行；每一年这样的酒农组织会祭出圣文森的标牌，举办年度赞颂圣文森的弥撒。然而酒农之间的协会很快便世俗化，除了丧葬，还包括相互照料病患、老年人以及残疾的伙伴等日常互助活动。

专业的工会可以组织酒农共同对抗与葡萄相关的病害，特别是根瘤蚜虫害。美丽城（Belleville，博若莱）的工会组建了培养葡萄植株的苗圃，将健康的植株分发给相关的酒农，并大批量地采购用于杀菌的硫酸铜，此外还给酒农们开会及演示农业技术（如嫁接及喷农药等）。同时，工会甚至还组织品鉴和销售等活动。从 1887 年只有 32 位酒农参加，到 1914 年，美丽城工会已经吸纳了超过 4 000 名酒农。同年，超过 500 家如美丽城一样的工会联合组建了东南部葡萄酒联盟，吸纳的酒农约 13 万人。然而酒农合作社的诞生却遭遇到葡萄酒的销售困境：在奥克西塔尼大区，1919 年 10 月第一家在埃罗省米代松地区的合作社就遭遇了这样的境况。而埃罗省的马罗桑合作社在同年的 12 月也同样萧条。1909 年，勃艮第 30 多位酒农成立了沃恩·罗曼尼（Vosne-Romanée）酿酒合作社。而公认有着优异风土的夜丘地区，1914 年也有 10 家这样的合作社出现。但以协会形式出售葡萄酒的想法却来自其他

地方：从 1868 年开始，德国的酒农在阿尔山谷（Ahr）成立了第一家
合作社。这个例子在 1871 年影响了还在德国统治下的阿尔萨斯，1895
年传到里博维莱（Ribeauvillé），1902 年传到埃吉桑（Eguisheim）和
丹巴克拉维尔（Dambach-la-Ville）等地方。而在加泰罗尼亚的维拉弗
兰卡（Vilafranca del Penedès），第一家合作社出现在 1890 年。葡萄牙
的杜罗河谷合作社出现在 1888 年，匈牙利的出现在 1899 年，而瑞士
的则出现在 1903 年。

　　法国的合作社模式发展得很慢，而且在第一次世界大战时遭遇了刹
车，此间葡萄园也变得支离破碎。在 1920 年后至"二战"前的时间里，
人们做过许多的尝试。如马贡地区 20 来家合作社得以成立，而约讷省，
夏布利等地的合作社在 1923 年面世。在南方，750 家合作社因需成立，
其中 340 家来自朗格多克地区。战后成立的合作社数字更为可观：969
家合作社在 1950 年吸纳了近 20 万名成员，拥有近 2 000 万桶的葡萄酒
储量。

田间劳作

　　耕作葡萄是一个展现农民生活的好例子，但众所周知，耕作是
很辛苦的劳动。法国谚语里面是这样说的：耕种早，有酒喝，喝得好
（Binez tôt, y a du vin, et du beau）。葡萄对于土地的要求很高，它需要炎
热而干燥的气候，害怕春季的霜冻。"葡萄种植业"的推广得益于一部
名为《葡萄》的教育电影："葡萄只喜欢身处果农的身影下，它需要不
停地被照料。"这部片子列举了多种果农们常年需要进行的劳动：嫁接、

耕地、施肥、浇水、中耕、去枝（剪去太过茂盛的枝条）、杀菌、熏硫等。

用一大堆的十字镐、铲子和铁锄，罗纳河谷的"尖屁股"果农们让土地变了个样。他们开垦、耙地，在地上挖土，种下葡萄。用拔除工具拔掉老的葡萄藤，然后种下新的葡萄。然后，到了秋冬及来年春天，他们修剪葡萄的枝条、把葡萄的藤蔓绑在铁线架子上。为了这些劳作，果农们得准备全套的大小截枝刀、垫板和剪刀。他们需要留心叶子、花朵以及果实的出芽，得用小碎石或者用十字弓发射干的黏土球驱赶来啄食葡萄的小鸟，别忘了还得用大炮来驱散有冰雹威胁的云。

> 我曾经是一颗葡萄，[①]
> 我们曾是三株并列的邻居……
> 在一个阳光明媚的早晨，我的花朵，
> 化身为美丽的葡萄果实。
> 一颗，是的！
> 石榴红是它的颜色，
> 圆润是它的形状，多汁是它的内涵！
> 啊，对物质的幻想！
> ……
> 他拿出剪刀咔嚓一下！
> 我们要变成木柴了，

[①] 根据雷蒙德·狄维士（Raymond Devos）的话剧《笑料》，巴黎，奥利维亚·奥邦（Olivier Orban），1991，《葡萄酒的文化和社会历史》，p. 307。

我的呼吸停止了……

但由此我成为葡萄酒。

至于在田地里或是在棚屋里就餐的问题，通常农民们就带点儿快餐零食解决：克拉姆西（涅夫勒省）的农民用融化的锡做成直筒型的带饭容器，他们将这种装备称为"牧羊人"。他们还常常会带一个上了釉的陶土瓶，或者是用皮带绑住的瓶子装点儿葡萄酒带到田里去。但吃饭的时间是很短的，因为在田间果农们还有很多敌人需要对付。

应对病虫害

葡萄藤其实很脆弱，葡萄的根茎和叶子需要经常照料，太多的疾病可以轻易摧毁一株葡萄了。《葡萄》这部电影提到了一些真菌类的疾病，如白粉病（Oïdium）和霜霉病（Mildiou），还有引起病虫害的蝉和蚱蜢等，还特别提到了"无法抵抗的根瘤蚜虫害，这种小蚜虫能够很快地摧毁一座葡萄园"。

1868年，蒙彼利埃大学教授布朗雄在葡萄根部发现根瘤蚜虫。这些蚜虫在葡萄根上大量繁殖，旁边是将要孵化的卵；这些卵在地下的黑暗中度过冬天，在春天来到时孵化出母蚜虫，母蚜虫爬到叶子上，使葡萄结出一颗颗的虫瘿，到了合适的温度就在基因的驱动下产出下一代。新生的一代蚜虫吸取植物的汁液：它们用鼻尖钻入木质部，然后停留不动并继续生长繁殖。在4月到9月，虫瘿里的蚜虫相继繁殖了3~7代后，一些蚜虫会掉落到葡萄的根部并在泥土下繁殖：这种在根部繁殖的蚜虫，比起叶面上的蚜虫危害更大。根瘤蚜经过葡萄各处，攻击葡萄的根部，杀死所有的葡萄藤。因为从根上孵化出的幼虫会长出有着长长的身体和翅膀的若虫。8月到9月，如果风力合适，这些若虫变成蝴蝶可以飞到几百米甚至几十千米之外。

1863年，根瘤蚜第一次出现在加尔省（Le Gard），然后来到了吉隆特省的弗卢瓦拉克（Floirac），这种来自美洲的小虫子简直让果农们缴械投降。随后蚜虫进入罗纳河谷，然后到了索恩河流域的葡萄园里：有报告指出，1871年在坦莱尔米塔日（Tain-l'Hermitage）发现根瘤蚜；1885年金丘的所有葡萄园都被感染；1894年它甚至袭击到了香槟区。在西南部产区，受感染的区域从波尔多扩延到夏朗德，再蔓延至卢瓦尔河谷地区。法国仅存的躲过致命性根瘤蚜虫害的葡萄园在马朗恩省（Maremne）和马琳森镇（Marensin），分布在朗德地区（Les Lands）的南面。这些葡萄早在根瘤蚜侵入海边的沙丘前就被种植在这里。可以种葡萄的空间消失或者减少，让勃艮第、茹拉、洛林大区和夏朗特地区的酒庄备受打击。

能够拯救酒农的是19世纪的农业及化学革命。像对抗具有毁灭性危害的螟虫，靠近博若莱的罗马内什–托兰（Romanèche-Thorins）地区的一位葡萄栽培学家伯努瓦·拉克莱（Benoît Raclet）成功推广了一种简单的灼水治疗方法。从那时候开始，人们治疗这样的虫害，会举着一个铁质的"热咖啡壶"或者是其他特殊的热水器，将里面滚烫的热水淋在葡萄藤上。这种灼烫葡萄藤的工作在每年冬季快结束时进行。至于像葡萄果蠹蛾，从1840年开始人们就用烟碱水来杀死它。对发酵容器进行二氧化硫熏蒸，也给葡萄栽培业带来了美好的开始。

葡萄的灾害及应对手段 [①]

让泰和提利特两人整个冬天都在摸黑抓虫，跳甲虫装在漏斗里，豹灯蛾拿在手中，螟虫用水烫死，蚂蚁窝用沥青堵上，夜蛾用灯诱捕，而蚜虫就用石灰杀死。两人从7月第一次葡萄转色就开始警惕葡萄果蠹蛾。但让他们伤害最大、花费最多的，却是那些植物的寄生虫。撒药，刷白灰水，浇硫酸铜，硫熏等手段被用在一株又一株的葡萄上，直到这些虫子死掉，葡萄的叶子重新回到健康的颜色。这让他们花费了额外的钱去采购物料。硫酸铜、波尔多液糊浆、铜粉，没有一样能够剩下来的。7月和8月过得就像战斗一样。在维尔德（一处地名）简直就是热火朝天。一串串的葡萄就像不耐烦的小动物一样挤在葡萄叶下。但仍需警惕虫害、邪恶的疾病和干旱、大风以及悬浮在天空中的威胁——冰雹。

1845年白粉病第一次出现在法国，给葡萄种植业带来第一场大危机。1870年开始，这一病害才得到稳定控制。最开始人们用手撒硫黄，后来用喷壶喷洒硫溶液，最终引入了可以背着喷洒的"农药注射器"。索恩河畔自由城（Villefranche-sur-Saône）的酒商维摩雷（La maison Vermorel），也因为这项用硫去除白粉病的发明而得名。

而霜霉病和黑霉病的对抗方法，从1878年出现几乎一直沿用至今。果农们被推荐使用硫酸铜和石灰混合成的"波尔多液"喷洒在葡萄藤上以预防霉害。同样地，酒商维摩雷也推出了轻便的喷洒器具，名为"硫

---

① 路德维克·玛瑟（Ludovic Massé），《纯净的葡萄酒》（1945），巴黎，口袋书出版社重编，1984，p. 140，作者（1900—1982）父亲为佃农所生的教育家，母亲为山里人的女儿。

酸铜发生器"（Sulfateuse Météor）。

　　为了避免使用含硫的化学制品对抗葡萄的多种病害，杂交技术得到了大力的发展。第一株杂交品种由美国人成功实现。1847年杂交技术进入正饱受葡萄白粉病威胁的法国。果农们都成了杂交技术员，最有名的果农如甘赞（Ganzin）、赛贝尔（Seibel）还有库代尔（Couderc）都是这方面的专家。1880年后，杂交品种在法国的种植范围快速增加：1914年种植面积为10万公顷，1926年为21.6万公顷，占了全法葡萄园面积的14.5%，而到了1958年甚至达到了40.6万公顷（占全法种植面积的30%）。当时最有效的杂交品种叫挪亚（Noah），1896年由美国人奥托·瓦瑟芝赛尔（Otto Wasserzicher）发明。其他的杂交品种名字都十分奇幻，像是伊莎贝拉（Isabelle），克林顿（Clinton），又或者是奥赛罗（Othello）。但杂交葡萄只是葡萄果农用于酿造家庭或者个人饮用的葡萄酒，因为用杂交葡萄酿造的葡萄酒被认为质量较差。举个例子，在旺代区的老葡萄园出产的葡萄酒质量很一般。1885年和1890年人们拔除毁掉的葡萄藤，就干脆种上了美国的挪亚杂交葡萄。

　　杂交葡萄酿出的酒在1930年这样超产的年代背负了难喝的恶名。这样的酒有着过高的甲醇含量，让人"疯癫"和"致盲"。1935年一项法令禁止了挪亚、克林顿、荷贝蒙特、伊莎贝拉、雅克及奥赛罗等品种的种植。

　　对抗根瘤蚜的战争成为人们关注的重心，这场病害持续了至少30年。无数对抗这种致命性蚜虫的方法都被证实是无用的：施加硫代碳酸钾肥、强碱性肥料等。只有水淹法的效果最好，但是显然不是什么地方都能用。总共有4万公顷的葡萄园通过水淹法得到了治疗。

　　在19世纪90年代，根瘤蚜的出现——或者说是威胁，迫使葡萄果农对葡萄施加大量的化学物品、加快采收、缩短发酵时间等措施，这样的酒不能和低质、人造的假酒混为一谈，在当时的环境下反而被人们认为是"可靠"的酒。不同的产区开发出大量不靠谱的对抗根瘤蚜的方法：很多江湖骗子推荐使用更温和的药剂，它们有着奇奇怪怪的名字，像什么"德美丽先生星空慕斯"，还有什么"硼砂香叶"，诸如此类。在博若莱地区，人们使用一种能将硫代碳酸盐混入泥土的"注射犁"来耕地。这种方法效果不大而且危险，因为硫化物非常易燃，很容易爆炸然后引发火灾。1950 年，《葡萄》这部电影中提到了如何图文并茂地给小孩子普及这些器具的使用方法：磨粉、和石灰混合起来，然后注射进土里去。而"嫁接保护"的方法最终才是拯救受灾葡萄园的灵丹妙药。

通过在美国葡萄砧木上嫁接葡萄苗的方法最终拯救了法国的葡萄酒业。1888 年，根瘤蚜高级委员会向全法国正式推广栽种嫁接葡萄苗来重建葡萄园，他们保证这些嫁接苗"下面是美国的，但上面绝对是法国的"。嫁接技术的课程，还有由葡萄种植工会提供的嫁接砧木大大降低了重建葡萄园的费用。

19 世纪 90 年代末，法国的葡萄园得以重生。可那时候，法国的葡萄种植已经有了明显的萎缩。在夏朗特地区，葡萄所覆盖的面积从 26.5 万公顷萎缩到了 6 万公顷。果农诗人阿尔弗雷·德·维尼（Alfred de Vigny）的一曲《烈火之酒》，唱出了他那段最黑暗的日子。拯救酒农的"救世主"来自美国得克萨斯州，红河边上的野生葡萄藤成了葡萄园重生最为关键的砧木。重建葡萄园用了 20 年的时间。葡萄园里栽种的葡萄品种甚至全都变了样：来自意大利的葡萄品种，白玉霓过往被阿维尼翁教皇引进到法国，使干邑葡萄酒得以重生。

而其他规模较大的葡萄酒产区的酒农（像波尔多、勃艮第、卢瓦尔河谷等）则追求品质更好的葡萄，然而付出的代价是要更大量地使用硫酸铜杀菌处理。在硫酸铜爱好者（喜欢用硫酸铜杀菌而不用嫁接苗的果农）和美洲砧木爱好者（适应采用嫁接苗的果农）之间的争执开始爆发。1894年，巴黎的一项农业评选中，勃艮第产区带走了第二名：默尔索产区一家用嫁接苗的酒庄收到了农业部亲自颁发的奖章。

葡萄园间不断发生的侵袭造成了1870—1900年这30年间人们对生产模式和理念的改变。传统的葡萄支架慢慢地被现代化的绑枝方法所取代。古老的葡萄压条培育方法被废弃。老的葡萄藤被烧掉，新的葡萄藤被栽种在田间。此时，美国砧木——如索罗尼（Solonis）和利帕里亚（Riparia）等品种，支撑着黑皮诺、佳美或者是阿里高特等品种的成长。嫁接的葡萄以及新式劳作的低劳动成本，葡萄藤在田野间成行成列种植。马匹，以及后来的机器，可以在田野间自由走动了。

采收与压榨

人与马匹之间的默契在采收期间最能充分体现。人们用剪枝用的剪刀剪下一串串葡萄。奥克苏瓦地区瑟米镇（Semur-en-Auxois）的法国著名枪械工程师埃德姆·雷尼耶（Edme Regnier）约1820年发明了这种剪刀。而马匹负责将收好的葡萄运送至压榨机前。每年秋天，城里的记者会竖起一张装饰华丽的告示牌，通知城里喜欢乡村简单生活的人们：

"采收是乡村里最盛大的节日之一，这是对一年的辛劳所收获的最闪烁的荣耀，特别当大地对劳作于其上的工人们一年的汗水及伤痛给予了慰藉。秋季，意味着田野和森林编织出了最美的时光，这里有你梦想中的所有丰富色彩，就像是要为冬季万物宿命般地失色而做出最狂热的惋叹。这正是我们休假的时候，意味着从年幼的小学生到严肃的公务员，都喜欢逃离城市到乡村里待上几天。同样地，所有人都需要在秋天的信号出现时聚集在一起。在采收的盛大劳动前，我们要召集一支采收者大军，还有小规模的辅助人员。这种工作不算难，所有的新手只要懂得用剪刀就可以参与。我们在第一缕阳光出现时开始唱歌，我们因互助而感到兴奋；葡萄所钟爱的斜坡构成了最动人的画面，特别是采收结束时，没有什么比得上劳动者们兴高采烈的样子。这些灌木送给人们一串串成熟的果实。如果把葡萄全摘光可能让人满意，多少还是要在枝条上留下几串。这是经验之谈，也是对自然的回馈。采收的篮子都装满了。如果要送去的酒庄的距离不是特别远，人们会将篮子托在背上直接送过去。如果太远的话就要用小推车来运输了。有些情况下，人们会用小的马车和马匹来运送葡萄。所有类型的采收篮子，用来运送葡萄或者葡萄枝条，都成了一种地方特色。像勃艮第地区用柳条编织'贝纳顿篮'（Bénaton）和'采摘者篮'（Vendangerot），摩泽尔会用榛果树木片，阿尔萨斯则用柳条筐来装葡萄。除此之外，还有用皮革做的采摘篮，在南部人们将这样的采摘篮扛在背上将葡萄运走。有时候人们也用木架和擂棍将运输器具里的葡萄压紧实。在盖拉克（塔恩省）产区，装葡萄的容器是铁皮做的，叫'德思卡'（Desca）。人们可以将它顶在头上，中间绑上布片或者垫上一块稻草织成的圆片来保护头部。"

当葡萄来到酿造的地方时，传统上要用除梗机去掉葡萄梗，然后放入大的发酵罐里捣碎。记者继续这样撰写他的报告：

　　我们来到了酿酒车间，这里是诞生新酒的地方，就像其他人所说的，这就像是葡萄之血。葡萄被抛进巨大的发酵罐中，层层叠织，它们自身的重量就足以让它们破碎了。珍贵的葡萄汁从各处流出，如果装载的容器不够密实的话，葡萄汁很快就会流淌到地面。这其实是第一批葡萄酒（经过轻微发酵的），这种甜甜的酒质量很好，从古至今这样的酒还被称为"处女之酒"。

　　现在到了压榨这一步。最强壮的工人爬上装满果实的发酵罐顶部。他们光着脚踩踏，挤压着葡萄果实。葡萄果汁从皮上的每一条裂缝中渗出。随着葡萄堆的高度下降，葡萄汁渐渐流出，我们便把这些果汁收集起来。刚开始的时候这工作进行得轻松，可随着时间的进行，进度却越来越慢。这工作变得越来越让人难受，动一动都觉得疲惫，得给干活儿的人们一点儿兴奋的事情才能调动他们的积极性。看，乡村乐师也过来了，他们唱起了曲目中最欢快活泼的曲子。当唱到了《牧羊女之歌》时，会邀请人群中嬉闹得最欢的人出来，这些人也简直是跳舞的狂热爱好者！小提琴的乐音响起，采收工人们随着旋律旋转着、跳跃着，就跟平时在临近的橡木林和榆树林里翩翩起舞一样。就这样，压榨的工作再也不会让人觉得苦了，而成了一种乐趣。每个人的脸上都兴高采烈。在热火朝天的发酵罐上，葡萄汁疯狂地流出，采收工人们感觉自己就像在周日的舞会上一样。双腿在卖力地舞动着，就像是面对着爱人时用炽热的双眼注视，同时爱抚着对方。想象力很好地补足了这一场景，烟雾缭绕之间，可以想象到发酵正在顺利进行。在我们采访的南部农民中，还没有发现过如此浪漫的智慧。

事实上，葡萄酒的酿造工作并不愉快。甚至这种工作对参与人员来说还是件危险的事情：发酵时散发的二氧化碳有可能让工人们窒息。发酵过程中葡萄皮和梗会浮在液面上形成"帽盖"。于是空气被挡住而酒精发酵就不能正常进行，所以就得把"帽盖"重新浸入液面并驱散里面的二氧化碳气体。这就是危险的来源。所以渐渐地，在所有的操作中，机械化的"浸皮"工具代替了人工光着脚丫踩破葡萄皮的工作，免去了窒息的危险。

在葡萄皮上小小的真菌——酵母的作用下，第一次酒精发酵就这样开始了。在通风的情况下，它所酿出的酒既没有太多的酒精味道也不丰满：这样的酒被称为"滴流酒"或者"自流酒"。果农会在早晨品尝这样的葡萄酒（来确定品质）。在朗格多克："自流酒，就跟香水一样！太好喝了！我老婆实在太爱它了，我也很爱喝这个。尽管没有让人喝醉，但实在是很好喝。我们会特地把它装在酒瓶里，等到晚上和家人就着菱角一起喝。"而在博若莱："……在此刻，你们看到的是至今还存在的一项古老的传统，很特别的一种由僧侣流传下来的传统。当葡萄汁里的糖分还未发生变化，还没被发酵完，这里面有一点儿酒精，但很温和，我们就将这样的酒称为'天堂之酒'。我们会把这些酒取出来，给所有的来宾享用，这是一种传统。"

剩下的酒醪会被收集起来放入压榨机，再出来的酒就是所谓的"压榨酒"了。然后我们把这些汁液放入大号木桶发酵罐里进行一次漫长且隔绝氧气的发酵：这一过程被称为"换桶"。在做这一步骤前，得先预设好调配的工作。举个例子，香槟按不同的调配风格就分为年份香槟（用同一年份基酒调配），非年份香槟（酒窖主管会选择用当年的新酒和往年陈放的酒调配），白中白香槟（用白皮葡萄酿的基酒调配），黑中白香槟（用黑皮诺及莫尼耶葡萄的基酒调配），桃红香槟（通过浸渍葡萄皮，或者混合红葡萄酒，来获得理想颜色）。压榨酒在橡木桶里小心翼翼地慢慢变成熟，渐渐脱去了粗糙的一面，"葡萄酒的生命"就此诞生。

入窖

　　葡萄酒的窖藏是一项需要持续数月照料的工作。在"陈酿"这一步，酒窖主管会利用各样手段提升酒的品质。他们会用夹具把酒桶夹紧，并在酒桶上刷上印花。此间他还得留意酒桶里的温度计来监控发酵过程和温度。同样在陈酿这一步，酒窖主管还会用到像玻璃灯泡、吸液管、酒漏、装酒的容器来取样品尝，或者进行补桶——补满酒桶里面因蒸发而失去的酒液。每天酒窖工人都需要将酒桶补满并时常品尝以保证质量。不过要注意的是，每次打开酒桶后都要记住再次密封好。

　　除了温度计，酒窖中用到的精密测量工具还会有密度计、比重计，密度计是控制葡萄酒的内容物含量的，此外用于测量葡萄酒酒精含量的还有应用毛细管原理的酒精计，以及可以直接测出酒精度数的酒度计等。可以发现，葡萄酒的酒精含量从 19 世纪开始呈线性增长。19 世纪初期，一瓶卢瓦尔河谷的葡萄酒度数一般是 8°，波尔多是 10° 而勃艮第是 12°，《法国通用百科全书》（*Dictionnaire des dictionnaires*）中记载了 1888 年各地的酒精度数数据：鲁西荣 18.13°；艾美塔吉白葡萄酒 17.43°；艾美塔吉红葡萄酒 12.32°；勃艮第 14.57°；波尔多 15.10°；苏岱 14.22°；格拉芙 13.37°。此外还有一些国外的数据：马德拉 22.3°；赫雷斯 19.7°；马拉瓜 18.94°。加糖发酵的工艺在当时受到推广，并被广泛用于提高葡萄酒的酒精度数。实际上化学家沙普塔尔（Chaptal，1756—1832）在19世纪初就鼓励使用这种方法来加速和加强发酵过程。20世纪的教材中提到，当因为葡萄成熟度不够而导致糖分的含量减少，人们可以按照每百升酒醪加1.8千克的糖得到1°酒精的方式计算加糖的量。

另一种方法一般很少会有酒庄承认，为了增加葡萄酒的度数，在19世纪后期会用一点点本地生产的葡萄酒，混合一些从外国如马格里布，西班牙，或是葡萄牙大批量进口的高度数酒。不管采用哪种方法，都能够在酒窖和酒馆里引起酒饕们的兴奋。

酒窖主管还得负责在陈酿几个月之后的装瓶工作。第一步是要将酒桶里的酒倒出：用一把叫"尤提妮"（Utinet）的锤子，敲打酒桶上的塞子一侧让它松动，然后用一个放在台架上清洁过的管道连接酒桶。在进行"装瓶"工作前，酒瓶子得先仔细地冲洗和脱焦油（去除瓶颈上的油蜡）。各个产区的瓶子形状都不一样，于是通常都会用产区的名字命名，像是香槟瓶、勃艮第瓶、波尔多瓶、阿尔萨斯瓶等。就连相应的诗歌都透出浓浓的乡情："人们排列很多这种长长的瓶子，就像长在莱茵河畔花园里的松柏……"装完瓶后，一瓶瓶的葡萄酒被仔细地排列分类放置在酒窖里，然后葡萄酒就能开始一段神奇的成熟之旅："深夜里一场孤独的旅程正在进行，催生了幻想与孕育的行动……多么生动和值得纪念！……"在深邃的瓶底里，葡萄酒在人们的思绪中孕育，并静默地变得醇厚。

对于酿造香槟来说，这项工作会更艰巨一些。酿造香槟需要进行"二次发酵"的过程。酒窖主管会在酒桶面加入发酵液，发酵液里是糖液与酵母。一段时间后，葡萄酒装入瓶中，然后运到酒窖稳妥地摆放好。酵母会将葡萄糖转变成酒精并释放出二氧化碳气体：这就是所谓的

"起泡"过程。陈酿结束后,酒瓶子被摆放在 A 型的转瓶架上,瓶颈朝下,每个酒瓶每天被转动 1/4 圈,这一步被称为"转瓶"。随后会进行一步很优雅的工作——除渣,这一步的目的是去掉酒面上不干净的酵母残渣。在很长的时间里,香槟的除渣都是靠经验手工开瓶的。而到了19 世纪末期,人们会先将瓶颈浸泡在过冷的溶液里面(-25℃),让瓶颈处带残渣的液体形成冰块,然后开瓶后随瓶内的二氧化碳喷出。开瓶后,瓶内的液体会损失一部分需要补足,并需要再加入一点儿老酒和蔗糖来补充和调味。香槟的陈酿会持续 15 个月至 3 年的时间。这期间对香槟陈酿的监管是很辛苦的,但是科学的发展让酒的品质得到了提高。

拯救葡萄酒

一直以来,发酵的过程让人忧心,又让人好奇。在启蒙时代,学者们对此积累了大量的经验和观察。化学家拉瓦锡是认知发酵过程的关键人物:"葡萄酒发酵的现象是浓缩并分离两份的糖,一份的氧可以氧化一份的糖,另一份糖被消耗掉来形成碳酸,又让被消耗的第一份糖经过脱氧形成了一种易燃的成分:酒精。某种意义上,我们也可以重组这两种成分:由酒精和二氧化碳来重新得到糖。"从拉瓦锡开始,"酒精"这一名词开始取代"葡萄酒的精华"这一含义,因为所有甜的物质都可以通过发酵的方式得到酒精(葡萄酒、葡萄渣、苹果酒、梨子酒)。一项关于酒精的大型工业革命因此起步。19 世纪,尽管大部分的蒸馏产品都是利用葡萄酒蒸馏得到的,但人们也开始转投利用淀粉(谷物——小麦、黑麦、大麦、玉米,甚至是马铃薯)来得到糖,并进一步用来得到蒸馏的酒精。

没有那么基础性但更有实用价值的研究成果是让－巴蒂斯特·弗朗索瓦（Jean-Baptiste François，1792—1838）的发现。他不像拉马丁一样是地主，也不是葡萄果农，他只是香槟沙隆市的一名药剂师。1815 年后，拿破仑的军队重回故土，两位来自军队的军医为香槟人带来两场药剂学上的胜利。

"油脂病"是一种会让葡萄酒变得黏稠的"病害"，会让酒瓶出现一条条油脂的纹路。在使用了没食子浸提液后（一种很涩且无颜色的酒精溶液），"油脂病"在 1829 年被克服。另外，"爆瓶"的问题——常有 20%~80% 的香槟在窖藏期间会发生爆炸，也在弗朗索瓦研究了葡萄糖分含量及生成的二氧化碳气体之间的关系后得到了解决。他在 1831 年发明了葡萄糖酒度计，又被称为"弗朗索瓦糖度仪"，可以用来计算葡萄糖的含量并控制瓶中发酵的起泡过程。

为了提高葡萄酒澄清工序的效率，葡萄园主、工程师阿尔弗雷德·韦尔涅特·德·拉莫特（Alfred de Vergnette de Lamotte）开发了一套"冷冻"葡萄酒的技术。在他的那本被谨慎命名为《葡萄酒》（Le Vin）的作品里，他提到了将酒冷冻到 −12℃ 后就可以将酵母及酒中的悬浮物析出。经过处理后的葡萄酒变得更为活泼，而且这些葡萄酒的酒精度数也变得更高，澄清度变得更好，更有能力抵抗各种病害，于是更有利于葡萄酒的储藏及运输。

维涅开发的使用技术引起很多人的兴趣，而巴斯德的一项发现则成了葡萄酒酿造学的另一重大事件。

1860 年 1 月 21 日，拿破仑三世政府与维多利亚女王签订了自由交易的贸易协定，其中葡萄酒扮演着重要的角色。这是自勃艮第大公"勇士查理"去世后，英国第一次被法国葡萄酒入侵。但这项成就只维持了很短的时间，因为很多葡萄酒都出现了病害，特别是受到岛国气候的影响问题更加严重了。勃艮第的红葡萄酒本来就特别敏感，都遭受了一系列的病害让这些酒变成了葡萄酒醋，这些病还有苦味病（甘油的降解），酸味病或者所谓的"浑浊病"等。甚至连香槟的生产都陷入停滞，因为它们也遭受了"转化病"（酒石酸因细菌而分解）的困扰。

在拿破仑三世的要求下，巴斯德开始寻找"治疗"法国葡萄酒的方法。"因为我负责研究发酵的过程，人们相信我对葡萄酒的病害有对症的疗法。"其实巴斯德从 1857 年开始就从事发酵方面的实验研究（例如研究制糖用的甜菜，以及啤酒等），并走访了许多酒农。他还发现了发酵的化学反应过程：葡萄的果肉里含有葡萄糖，果皮破裂后，葡萄的果肉接触了空气中的氧气，在一种细小的生物——酵母的作用下，一方面形成了碳酸，积聚在发酵罐的表面，另一方面生成了葡萄汁和酒精的混合物。此外，巴斯德发现了在一升葡萄酒中，除了那些早在他之前已经被发现的元素外，还有大概 8 克的甘油和 1.5 克的琥珀酸，由此他总结出了葡萄酒酿造的基本化学方程式。这项发现让实验的发起者确认了葡萄酒属于食品的一类。

在阿尔布瓦，巴斯德用显微镜观察了变质的葡萄酒。他在这些葡萄酒中记录了一种他刚刚发现的、被称为乳酸酵素的微生物。1861 年，他检查了一瓶来自蒙彼利埃产区的普通葡萄酒，然后发现里面出现了一种能让酒变坏的微生物：醋母（Mycoderma aceti）。受到官方的鼓励后，巴斯德在阿尔布瓦建起了自己的个人化学实验室，连接起设在默尔索及波马尔两地的分部。在两次采收期间（1863 年及 1864 年），只用一台显微镜，他研究了所有的病害案例（发霉、转化病、苦味病等）。所有的葡萄酒病害都归咎于葡萄皮上的一种特殊的丝状微生物。1864 年 1 月，巴斯德发表了他著名的真菌学论文，研究结果表明，葡萄皮上附着的微生物会将葡萄酒逐步转化为葡萄酒醋。

这种微生物的发现十分鼓舞人心，为预防葡萄酒病害迎来了胜利的曙光。巴斯德建议人们将葡萄酒密闭加热至60℃~100℃并持续数分钟，以杀死真菌的孢子，然后再冷却——这就是所谓的"巴氏杀菌"。这项操作能很好地储存葡萄酒而不影响它的酒色、香气及澄清度。这一方法的应用范围还扩大到了其他的食品上，如奶制品等。然而在酒农们提升了卫生及干净的意识后，巴氏杀菌在葡萄酒上的应用并没有持续下去，当然，针对发酵过程的操作规则也是由巴斯德倡议的。巴斯德被人们称为"葡萄酒之友"。整个葡萄酒工业都在赞颂和引用他在1866年所写的《葡萄酒研究》一书。这些研究给葡萄酒生产者带来了荣耀。

追根溯源饮酒史

"夏洛特瓶""索皮瓶""圣女贞德瓶""女士瓶""惨败瓶""缠丝瓶""长笛瓶""弗龙蒂尼昂式瓶""一升瓶""小姆明瓶""酒壶""四份一瓶""细长小瓶"——酒农对葡萄酒瓶的命名显得十分可爱。在香槟区，酒瓶的名字还代表了它们的规格：Magnum（两瓶75厘升葡萄酒），Jéroboam（4瓶葡萄酒），Réhoboam（6瓶葡萄酒），Mathusalem（8瓶葡萄酒），Salmanazar（12瓶葡萄酒），Balthazar（16瓶葡萄酒）以及Nabuchodonosor（20瓶葡萄酒）。还有一些特别有趣的隐喻：如"爱不释瓶""嗜瓶如命""别吐在酒瓶子里""喝得脑袋像洗过的白板"，当人喝酒了就像"鼻子喝得像塞了一瓶酒一样"。

　　葡萄酒生产者的所有骄傲都来自他们的产品。酒农们喜欢分享他们"葡萄园"里诞生的果实。每位酒农都努力酿造好属于"自己"的葡萄酒。"这是我的葡萄，"1836 年一位卡昂的葡萄园主人说道："我们都很珍视它，因为它在这个国度里是独一无二的。我从吉伦特省最好的葡萄园里带回来这些葡萄藤……我的佃农们还从奥比昂酒庄里学习到了怎么酿酒。"在让·焦诺（Jean Giono）的《活力之水》一书里同样谈及了加普地区酿造的"瞪羚葡萄酒"，他还自嘲说自己喝到这样的酒后"整个人像被钉在酒桌上"。没钱的农民栽种克林顿这个葡萄品种，这种葡萄"长得很高，很虚弱，还很粗鄙"，是在根瘤蚜害之后才被引入法国的。所以第一批喝这种酒的人就是离它最近的生产者们。在博若莱，晚上妇女们会一边做编织一边喝点儿"灰莫特酒"（Grisemotte）。这是一种用采收工人忘了采摘的葡萄或者因为不够成熟而没有摘下的葡萄酿造的甜白酒。男人们更喜欢一边玩勃洛特（一种纸牌游戏），一边喝红葡萄酒。

　　邻近最优秀葡萄园的优越地理条件大大激励了小型的葡萄酒生产者。规模较小的酒农倾向于成为葡萄酒业的"酿造者"，在大酒庄的阴影下，他们倾向酿造更精致的葡萄酒来寻求出路。在 20 世纪初期的文学作品中，从小说家弗朗索瓦·莫里亚克到作家、编剧和导演雷吉娜·德福尔热，他们的作品针对波尔多的风土展开了一次次质量之争。雷吉娜·德福尔热的电视作品《蓝单车》中还出现了梦迪雅克酒庄（Montillac）："几公顷优秀的土地，种满了树木，还特意栽种了许多葡萄藤，这些葡萄酿出了让人满意的白葡萄酒，这可是珍贵的苏玳葡萄酒的前身呀。这种白葡萄酒获得了好几项金奖。此外，这里还出产一种有着强烈香气的红葡萄酒。"果农们的骄傲和商机推动了饮酒行为，至少是品酒方面的行为。"来来来，就来喝一点点"，果农们在每一次采收葡萄时都会如此兴奋。

导演乔治·胡基耶在阿韦龙省拍摄的纪录片《法尔毕克》中，记录了酒农四季劳作的日常：用邻近或更远的葡萄园里的葡萄酿造葡萄酒，用葡萄酒或是酒精来交换经营所需的东西，从酒窖里拿出一瓶瓶酒，供人们品尝。影片中的老祖父每一餐都会在桌子中心放上一瓶葡萄酒，这一幕成了这部纪录片的核心所在。

酒窖还经常成为"酒农的沙龙"。在酒窖里，酒农能够清楚地了解到参观酒庄的游客、邻居及买家的喜好。人们品尝葡萄酒，彼此讨论，相互倒酒。为了更好地逃离妻子们的监管和唠叨，男人们都躲到一间用葡萄藤搭建的小屋里，里面就简单地放上一张桌子，两张板凳，一个烤炉。每人都带上自家最好的葡萄酒，从口袋里拿出品酒用的银质酒碟。从弗雷丘的"回廊葡萄酒"开始品尝，到布盖伊的"格朗永葡萄酒"，再到朗格多克的"干石葡萄酒"或者马贡地区的"卡多尔葡萄酒"，美酒的相伴让室内充满了活跃和美味的氛围。

为酒农喝上一杯美酒，就如同古老的祭酒仪式 [1]

这种行为是近乎神圣的，带有宗教般的虔诚，酒庄的主人用一个银质的小碟子品尝第一批出来的佳酿。他不会立刻放入口中品尝，而是转向北边弯下腰，看着酒碟中的酒液，就像穆斯林向麦加方向朝拜一样……他转动着小酒碟，仔细地闻一下，又喊来他的酒

---

[1] 查尔斯·吉德（Charles Gide），《法国葡萄酒危机及酿酒组织》，《政治经济评论》，1901，p.217。

窖主管一起来看，他用力地在口腔里含漱着酒液来感受第一缕的香气，再漱一遍来感受酒体，第三遍漱口则是为了感受果香。末了，他把酒吐出口而不是咽下去。这些宗教仪式般的流程做完后就会让你完全相信他的总结："太漂亮了，我们的葡萄酒。"

第六章
葡萄酒的销售与市场

　　1600 年，法国农学家奥利维耶·德·塞尔在他的著作《论农业及乡村农事》里面写道："销售是必须的……"实际上，除了自己饮用的部分，葡萄酒的宿命是通过市场流通来到消费者的餐桌上。直到 19 世纪，葡萄酒的流通变得系统化和专业化。贴在酒瓶上的酒标成为贸易中不可替代的元素和诱惑消费者购买的一环。

交易场所

从 19 世纪初开始，出现在城市和城镇中的葡萄酒批发商扮演了十分重要的角色。这些批发商亲自跑到各个葡萄酒产区挑选葡萄酒。这些葡萄酒通过陆路或者海路运到各地，而在铁路开通之后，酒商们都选择了这种更便捷的运输方式。酒商将葡萄酒存储在自己的酒窖里，然后分发到各处酒馆。同样地，在布列塔尼地区，1812 年约瑟夫·格里丰酒业（Joseph Griffon）在杜瓦讷内市（Douarnenez）成立，这座城市除了是进口港，还是葡萄酒的存储地。约瑟夫·格里芬酒业在从杜瓦讷内到圣布里厄之间的小城市用 "J.G." 的缩写名字配送它的葡萄酒。新兴的或者重新包装后出现的酒商在葡萄园之间不断冒头。

在勃艮第，那些被人们开玩笑称为 "木塞先生" 的酒商，也占据了越来越重要的位置。他们在默尔索，热夫雷 - 香贝丹，梅顾亥建立了长盛皇朝。18 世纪时的酒商，如宝夏父子、布雷等大酒商，常常都在吹嘘自己的古老背景；其他的像路易拉图（Louis Latour），是阿洛克斯 - 科通（Aloxe-Corton）的一个古老家族，也在那时候诞生。伯恩市成为勃艮第的葡萄酒之都，在市政厅的建筑里都能体现这一点：杰夫林（les Maisons Jaffelin），皮埃尔·波内勒（Pierre Ponnelle），约瑟夫·杜鲁安（Joseph Drouhin）等酒商与勃艮第酒业巨头亚柏彼修（Albert Bichot）之间的竞争故事都被记录了下来。

在波尔多，靠地租过活的封建葡萄种植业被 19 世纪资产阶级直接的农田经营方式所取代。这期间波尔多引入了更科学的葡萄种植方式，产出的产品质量和产量都可靠、稳定，也因此，波尔多的葡萄酒更适合商业化。在革命（雅各宾派的暴动）与皇朝（社会经济封锁政策）结束以后，酒商们离开了爱尔兰的科克市和英国伦敦，重新在波尔多扎根。在这里，他们实现了葡萄酒的混酿，并通过陈酿的方式使葡萄酒越变越好：沙特龙地区的酒庄会用"英式工艺"来酿造一种很特别的葡萄酒。1787年，托马斯·杰斐逊为当时的美国总统乔治·华盛顿偶然挑选了一部分这里的酒。50年以后，波尔多人为这些酒庄绘制了地图。

　　葡萄酒的质量及品酒人的味蕾，划分出了酒商之间的小团体。波尔多市市长迪富尔·杜蓓业（Duffour-Dubergier）制定出了著名的波尔多列级庄分级制度，这些获得分级的美酒，还被诗人贝亚尼芝（Biarnez）写入诗中：

> 蔑视那不寻常的奴性协作，
>
> 他走入自家的酒窖中，逐级而下，
>
> 他停留在那高耸的储物柜前，
>
> 一瓶又一瓶，他取出那些弯曲的酒瓶。
>
> 在同一边，取下来的酒瓶躺在
>
> 用柳条编织的摇篮里……
>
> 这些酒瓶从未被换过位置，
>
> 从瓶颈处缓慢地，滑出橡木酒塞；
>
> 酒瓶水平地重重交叠，
>
> 很快酒窖里就迎来了一瓶晶莹的酒瓶；
>
> 期待的眼神，凝固在闪亮的酒液上，
>
> 他的手摇晃着美酒，观察是否澄清。
>
> 若有浑浊或是沉淀，酒里浮起细屑，
>
> 便停下来……瓶底的渣滓不值得可惜。

像往常一样，酒清澈而红润，

美酒应该来自陈年的老酒。

香槟区的酒庄也同样地获得了大众的认可。很多这些香槟区酒庄都自来于 18 世纪的贵族阶级：汝纳特酒庄（Ruinart）是埃佩尔奈市最老的酒庄，建于 1729 年；泰亭哲酒庄起源于 1734 年；克劳德·酩悦在 1743 年建立他自己的酒庄；威斯特法伦（Westphalie）的路德教派牧师弗洛朗·路易斯·埃德西克（Florens-Louis Heidsieck）于 1785 年建立酒庄。19 世纪由欧洲东部来法国的移民潮推动了香槟区的发展：玛姆香槟成立于 1827 年，库克香槟建于 1843 年，德姿（Deutz）和狄尔伯爵（Delbeck）两家香槟都成立于 19 世纪 30 年代。然而一些酒庄的主人过早地去世，他们的遗孀接手并发展了他们的事业。1805 年，年仅 27 岁的芭比·尼古拉·凯歌夫人（Barbe Nicole Clicquot）执掌凯歌父子香槟（Maison Clicquot et Fils）。后来酒庄加入凯歌夫人的母姓更名为凯歌香槟（Veuve Clicquot–Ponsardin）。从那时候开始，香槟开始出口到全欧洲：在沙皇的皇宫里，人们都迷恋这种叫作" klikoskoïe "的饮料。同样，露易丝·伯瑞夫人（Louise Pommery）也在 1857 年其丈夫去世后执掌了伯瑞酒庄（Pommery），在 1868—1888 年将酒庄经营得风生水起。玛蒂尔德·佩里耶夫人（Mathilde Perrier）很早就和丈夫劳伦特（Laurent）一起经营酒庄，在丈夫去世后，她创立了罗兰百悦香槟这一品牌并将其出口到美国。20 世纪更是涌现出了因为女性领导者而出名的酒庄。1932 年，卡米耶·奥勒西 – 罗德埃尔（Camille Olry-Roederer）接管路易皇妃香槟，并一直运营至 1975 年。韦诺日夫人（Venoge）在 1912 年创立了合作经营模式的酒庄，并在 1926 年将其私有化。莉莉·堡林爵（Lily Bollinger）

在丈夫雅克于 1941 年去世后开始运营堡林爵酒庄，并建立了国际化的销售渠道。艾芙琳·宝瓦捷（Évelyne Boizel）在 1972 年接管了位于艾坡尼姆村（éponyme）的酒庄，并在 1994 年将其发展为香槟区第二大的酒业集团 BBC。

香槟酒庄的成名

今天，酩悦香槟拥有庞大的葡萄园，其数以百万计的香槟被运送到全球各个角落。

"酩悦香槟的酒窖有些地方高耸如巢穴，有些地方是直接在岩石里挖掘出来的，组成让人分不清方向的迷宫。在最深处是最古老的酒窖。酒窖与酒窖之间层层堆叠，通过各个藏酒室联通，构成了最为有趣的景观。这长廊可以在地下延伸数公里的距离。"

"让酩悦香槟与人们所提到的其他香槟不同的是，它拥有香槟区山与河之间最优秀的葡萄园。它的财富和兴旺让它可以为每一片葡萄园建造相应的酒庄和城堡。欧维莱尔这个小镇简直是属于夏桐先生的……"

酩悦先生最喜欢的一片葡萄园是沙朗园。沙朗园的山丘上覆盖着树林，各种动物穿行其间；沙朗城堡掌控了整个马恩河谷，视线所及从埃佩尔奈市一直延伸到香槟沙隆市方向的蓝色天际线上。这河谷透着让人微笑的美景。欧维莱尔、埃佩尔奈、艾镇、锡耶里及其他的小村庄里雅致的房屋和葡萄园接连映入眼帘。马恩河如银带般流淌在山丘的脚下，时不时有火车沿着铁路驶过，留下烟雾的痕迹。在沙朗园之下，那些有名的葡萄懒洋洋地沐浴在阳光下，到了秋天，它们将会被送入酩悦先生的酒窖里。

香槟沙隆市的约瑟夫·佩里耶（Joseph Perrier）酒庄是香槟区酒庄里面最有趣的一家。这家酒庄是佩里耶先生的父亲在18世纪所创立的。1827年，约瑟夫·佩里耶将酒庄整体运出城外并重建。

这些酒庄位于小法尼埃（Petit-Fagnières），香槟沙隆市的郊区，沿着通往巴黎的马路兴建，靠近东边的火车站，旁边是一座20多米高的石灰岩小丘。在这堆岩石里，约瑟夫·佩里耶先生挖出了延伸超过2千米长的漂亮酒窖。酒窖里一条条长廊规律地排布成平行的过道……山丘的每个开口呈拱门状，这里是通向酒窖的每一条长廊的入口，玻璃大门被长廊一头的灯光所照亮。长廊的另一头，深入到山丘的深处，人们在上面挖了深井，通过金属板的反光照亮长廊的内部。如此特别的布局给酒窖带来巨大的好处：既能利用白天的光照，还带来了完美的通风效果。[1]

分级制度及标签

地理风土和庄园的名气将葡萄园和它们出产的葡萄酒划分出了等级。19世纪，这样的等级还加入了酒商所运作的分级制度。这种分级，常常是酒商"商量"的结果。最早出现的三种分级制度分别是：1827年让-亚历山大·加弗洛牧师（Jean-Alexandre Cavoleau）为全法葡萄园制

---

① 《两家香槟酒庄》,《印象》杂志, 1893。

定的分级；1831 年德尼·莫雷洛博士（Denis Morelot）为金丘产区订立的分级；还有特别要提到的是 1816 年巴黎酒商安托万·安德烈·朱利安（Antoine André Jullien）为全球的葡萄酒制定了一部索引。然而，最重要的葡萄酒的原产地信息却一直"缺席"：例如，19 世纪开始，普罗旺斯风秃山（Ventoux）的罗谢居德侯爵（Rochegude）卖的都是从西班牙过来的葡萄酒，但他从来都不提这一点！要想让葡萄酒贸易简单点儿，可得对自己更严格一些呀。

最优质的葡萄酒为其他的葡萄酒提供了标杆。像香槟区的风土就已经被分为了三个类别：17 个特级村，43 个一级村，而其他的葡萄园（264 个）则未被列入等级体系中。

同样，波尔多在 19 世纪时也为自己的葡萄园制定了分级表。第一份官方的名录由波尔多商务局于 1855 年制定。这份名录在拿破仑三世的命令下制作，以便在将要举行的巴黎世博会上展示法国最奢华的产品。波尔多交易所的商业经纪人联盟收到了一封签署日期为 1855 年 4 月 6 日的信件，内容是要求其"提供一份准确而完整的关于该地列级红酒名庄的清单……同样，还有关于优秀白葡萄酒的分级"。葡萄酒经纪人于是根据当时酒庄的名气和它们产品的价格制定出了一份列表。他们由葡萄酒的价格推断消费者的口味，并按经验将这些优秀的酒庄分等级，依据是近 40 年来这些酒在市场上的销售价格记录。可以说，其实是消费者本身制定了这样一份分级表。

除了红颜容酒庄是在格拉芙地区外，来自梅多克产区的红葡萄酒被分为了五个等级；而白葡萄酒数量很少，只有来自苏岱和巴尔萨克的甜酒入选，分为三个等级。第一份名录中共有 79 家酒庄，其中有 58 款红葡萄酒，还有 21 款白葡萄酒，这些酒归属于 61 家后来被称为

"Châteaux"的酒庄。这份名录的出现让波尔多当之无愧地与勃艮第和香槟的葡萄酒比肩。

从那时候开始，波尔多的葡萄酒被很谨慎地分级。1855 年 4 月 18 日，分级结果出来后很快就被公布于众，这份分级从那时候起就很少变动，酒庄的位置也极少提升。1855 年 9 月，佳得美酒庄（Château Cantemerle）被加入第五级的"列级庄"行列，还有 1973 年木桐酒庄从第二级荣升"一级列级庄"。

这份葡萄酒名录决定了葡萄酒生产者的等级，而且它还同样地决定了消费者的社会地位。在"列级庄"这个名字里，"列级"意味着贵族，资产阶级（拉菲、罗斯柴尔德）可以用金钱买来他们想要的贵族生活方式。经历革命动乱以及这些列级酒庄被赋予贵族化的内涵后，"士族"（Bourgeois）这一词被沿用来描述那些没有进入 1855 分级但质量和价格紧随其后的梅多克酒庄。"中级庄"成为那些新生而又未获得贵族称号的中产阶级喝的葡萄酒，而波尔多的"中级庄"也同样没有出现在 1855 年分级名录里。1932 年，一份排行榜才最终公布了 6 家"特等中级庄"（Bourgeois Supérieurs Exceptionnels），95 家"超级中级庄"（Bourgeois Supérieurs）以及其他 339 家普通的中级庄。中产阶级至少在葡萄酒上赢得了他们的社会地位。至于普通的酒庄，好一些的可以称为"农家"（Paysans）或者"手艺人"（Artisan）酒庄；其他的则安于冠上"散装"酒的名称，可耻地将一些自己喝剩的酒勾兑上以压榨酒兑水制作的劣质的葡萄酒。

1855 年对勃艮第来说也是决定性的一年。朱尔·拉瓦勒博士（Jules Lavalle）评估了一块又一块产区，研究了每一个"climat"（勃艮第的特有名词，意思指受微气候影响的小块田地）的优劣，定出了五个等级：

超等（蒙哈榭白葡萄酒、罗曼尼 – 康帝园、伏旧园、香贝丹以及贝日园的红葡萄酒）；头等（大德园、科通园、幕西尼园）；一级，二级，以及三级葡萄园。20 世纪，超等及头等被统称为"特级园"，而一级、二级和三级葡萄园则分别称为一级园，村庄级（香贝丹、夜圣乔治，罗马内什 – 托兰），和大区级（伯恩丘、夜丘）。

　　葡萄酒的分级，在某种意义上也为这些酒打上了标签。就像"酒标"这个词不也是由"品牌"而衍生的独特标识吗？最早的一批酒标出现在 19 世纪 20 年代。那时候用的还是奥地利人阿罗斯·塞尼菲尔德（Alois Senefelder）开发的平版印刷技术，即在石板上刻印好并刷上油墨印刷。这种技术最早在德国奥芬巴赫的一个印刷厂使用，用来印刷乐谱。有一段值得一提的小故事，1821 年塞尼菲尔德的小女儿嫁给了他的员工让·倪雷斯（Jean Neleith），而他的祖父拿来了一瓶没有贴任何标识的萨默斯麝香葡萄酒。于是年轻的夫妇建议在瓶子上贴上标识，好让来宾知道这里面装的是什么，也让宾客有意识地去尝试一下。几天之后，让·倪雷斯给他的岳父带来了酒标的草图。刚好他岳父自己也是酒商，于是这张印刷着葡萄藤装饰的小纸片让这款萨默斯产的酒出了名，这就是酒标最初诞生的情形。最早被酒标吸引的是那些高端的酒商，如香槟的酒商。为了将酒卖到德国的市场，西班牙和奥地利的皇室，还有俄国沙皇，克劳德·酩悦的孙子让 – 雷米（Jean-Rémy）印制了第一批酒标。1837 年，塞尼菲尔德的一个叫戈德弗洛依·恩格尔曼（Gottfried Engelmann）的法国学生发明了可以固定彩色油墨的方法：这就是彩印的发明。从此酒标都是用三色印刷而成。

　　然而，酒标并没有一开始就迅速被所有人接受。1889 年修订的《法国通用百科全书》还未提到酒标在葡萄酒上的使用。1905 年 8 月 1 日颁布的法律规定了饮料还有食品的种类，酒标才开始被正式利用。从此酒标成为葡萄酒的一种身份证。当然了，酒标并未就此停下脚步，它的美学价值逐渐成为有助于葡萄酒推广的手段。艺术家们甚至是那些最伟大的艺术家，成为酒商们的目标，而他们的作品，成为葡萄酒的诱惑力之一。

广告中的葡萄酒

在 19 世纪末期葡萄酒贸易引入了第一波面向大众的广告。传统的广告内容都喜欢告诉消费者新到了什么样的酒。就像这则发表在 1904 年 4 月 18 日的《小日报》上的广告：

产自波尔多，用来自巴黎地区的法国橡木桶酿造。美味可口，9 度，90 天至 4 个月陈酿。可以免费送 3 瓶样品。实价：83 法郎 ①。吉伦特省酒业公司，巴黎斯特拉斯堡大街 6 号。

当人们给这些公告添加上插画后，它们就成了广告。

香槟酒庄在利用广告进行商业推广上迈进了一大步。尤金·梅西耶就是其中的佼佼者。他在 1858 年建立了自己的酒庄。为了迎接 1889 年的博览会到来，他十分夸张地将一个可以装下两万瓶酒的大酒桶运到巴黎去，这是最早的一场大型广告宣传，毕竟这次博览会将有 3 300 万名

---

① 1 法郎 = 7.0566 人民币。——编者注

观众参与。几年之后，他的推广方式受到了新的通信技术的冲击。在电影拍摄技术诞生之后（1895 年），梅西耶先生立马要求卢米埃兄弟拍摄了第一部香槟的广告影片。

饮料广告在 1880—1940 年迎来了黄金时代。广告铺天盖地般以明信片或者是广告板的形式出现在建筑物的墙上、火车车厢上、火车站里、报纸上，它们对消费者们产生了铺天盖地的宣传效果。马路上，街道里，人们停留的地方（火车站、咖啡馆）满满都是各种广告。有时候就连天上都被广告覆盖：1900 年，在巴黎的世博会期间，飞行员驾驶着一个印着圣 – 拉斐尔开胃酒（Saint-Raphaël）的热气球升空。在南法经营金鸡纳酒的杜本内酒业公司（Dubonnet）在 1846 年就开始意识到了广告的宝贵之处。从 1894 开始，他们邀请了"大使剧院"的著名喜剧演员丽丝·佛罗伦（Lise Fleuron）作为品牌代言人。法国平板画家儒勒·西勒（Jules Chéret）用洛可可时代画家华多的风格，制作了一幅自己挥舞着一瓶杜本内酒，膝盖上躺着一只猫的画作。这幅作品被广泛展出，并且被粉丝们重新制作成美好时代的各种明信片，他们都成了"猫先生杜本内的女人"。

实际上，所有的艺术家都参与到了这场广告大战中。在黄金时代，各种广告宣传的画作和口号让宣传深入民心，人们总能回忆起那些耳熟能详的画家名字：儒勒·西勒，阿尔丰斯·慕夏，土鲁斯 – 罗特列克，史坦林等。酒商比赫（Byrrh）甚至在 1903 年组织了一场画家之间的竞赛来推广其"汤力开胃"酒。有近千名画家参与了这样一场比赛。头等奖落在了加泰罗尼亚画家胡安·卡当纳（Juan Cardona）所画的一幅风情女子作品上。香槟酒的广告画也出现了线描和彩绘的分类。被认为是现代广告画之父的儒勒·西勒在当时就为玛姆香槟及其著名的红缓带香槟制作广告。1896 年，捷克装饰艺术家阿尔丰斯·慕夏则给酩悦香槟带来了新式的艺术风格：海报上画着一位打扮得像埃及人的女性举着一杯香槟，眼神中流露出诱惑的神色。19 世纪和 20 世纪还出现了其他同样出色的艺术作品，给优质香槟的推广起到了重要的作用：狄尔伯爵香槟请来了意大利海报艺术设计师和画家李奥那多·卡亚罗（Leonetto Cappiello）、韦诺日香槟聘请了法国插画师罗伯特·法尔库西（Robert Falcucci）。而沙龙帝皇香槟的插画师埃尔韦·莫旺（Hervé Morvan）甚至在 1959 年提出了"穿越世纪的香槟"这样的历史性广告语。而卡斯特兰香槟（Castellane）则推出了系列海报来维持客户的忠诚度：从 1922 年到 1988 年则共推出了 130 幅不同的海报作品。

1920 年之后，广告成了推广的必要手段。哈瓦斯集团、阳狮集团等 40 多家广告公司瓜分了整个市场，这些广告深入地改变了为客户提供的支持服务。像海滩及海滨浴场上，甚至海外领地展览的广告，那些广告牌总是做得特别大，周边装饰着霓虹灯，或者是用了房子的一整面外墙，以油漆涂成广告墙。普通的影像拍摄也变成电影形式来传播，而广播站也不仅仅只播放音频广播，在这个时期，影像第一次能够传达至大众（1937 年世博会），人们开始能够用音像的方式接收信息。就连广告语，也颇有震撼性。以美国的广告为样板，越简洁的广告语就越能打动人：像乡村的屋子外墙，或者是地铁的广告墙上经常能看到的广告语"好喝，好酒，杜本内"就是十分经典的广告语。渐渐地，广告也变得越发幽默起来："开心比赫在此"这幅经典广告是 1936 年由法国插画家乔治·莱昂内克所创作，刊登在最受中产阶级欢迎的杂志《名流》上。广告的内容围绕着一起车祸：司机被抛出了车外，而幸好被一幅比赫的广告牌救下，于是那传奇的广告语出现了："真是绝了。比赫酒真的是健康的保护神。"

在"一战"和"二战"之间的短暂和平期，美国的禁酒令及经济危机大大削减了法国酒的消费贸易。同一时期，其他国家的开胃酒渗入了法国市场。皮埃蒙特（意大利）的味美思酒品牌仙山露（Cinzano）得益于1920年卡亚罗画的一幅用色十分大胆的极品海报而迅速传播开来。圣拉斐尔公司复制他们的成功之路，使用了插画家查尔斯·卢波特（Charles Loupot）制作的海报——一红一白的两位侍者的形象，来让自己的品牌面貌变得更加时尚。甚至一些更为普通的饮料品牌，他们的广告都占满了乡村各处。画家利昂·迪潘为卢波酒庄（Château-Roubaud）的小桃红葡萄酒而画的《桃色生活》海报霸占了人们的所有目光。

精品酒业公司尼古拉斯（Nicolas，卡思黛乐酒业旗下法国连锁酒窖）的广告预算甚至达到了营业额的1/3。这家公司发明了动画这种推广方式。公司标志性的送货员"甘霖"（Nectar）的形象在1922年诞生：两只像圆盘一样的眼睛，一脸的络腮胡子，通红的脸色，两只手里分别拿着扎成一捆的酒瓶子。"备受赞誉的好人甘霖的形象深入民心，成为广告界不朽的成功案例之一。"另一个著名的广告形象来自车夫酒庄（le Clos du Postillon）的车夫形象：他有着开朗的外表，手里面总拿着一杯酒，代表了19世纪的车夫一贯的形象，这也是对伟大的酒客们的赞誉。在这个品牌出现的1923年，它立刻以怀旧的形象被人们所接受。戏剧及海报设计师卡桑德尔（Cassandre）也受其影响，于1932年设计出了战前最著名的海报，为杜本内公司的广告语注入了新的内容。

1873年，利莱有限公司（Lillet）于波尔多及苏岱之间的格拉芙中心区域成立。该公司用波当萨克的白葡萄酒（85%）加入水果及金鸡纳酒调配出一款名为"金纳利"（Kina-Lillet）的葡萄酒。从20世纪起初

10 开始，他们的海报描绘的内容是一位聪慧地摇着酒瓶的年轻女子，向人们重复广告语："来一杯利莱吧"。到 20 世纪 30 年代，海报形象摇身一变，这位年轻的女子站在喷涌而出的葡萄藤中举着酒瓶和杯子，附上广告语："用吉伦特白葡萄酒制作的利莱利口酒。"

于是，在还没有尝到酒的滋味前，消费者的视觉和听觉体验就已经被商家设计好。昂热地区以生产用苦橘皮制作的干型加香酒起家的君度力娇酒（Cointreau），使用的品牌形象是著名的戏剧人物角色皮埃罗（Pierrot），"所有人能够在君度力娇酒的广告和包装上看到著名的皮埃罗形象"。从这一传统的人物形象中，人们尝到了不一样的君度力娇酒。"这幅出众的广告形象长久地冲击着人们的大脑，它的诱惑力无可避免地让人们乐意去尝试这样一款酒：这是我童年时期最高兴的时光，各种广告以其特有的方式占据了车站里的各处广告牌……旅途中，我欣赏着圣拉斐尔巨大的酒瓶广告。那些巨人……会出现在那广阔的平原上饮上一杯吗？圣拉斐尔咖啡厅的侍应生的剪影对我来说简直是艺术品，只有君度力娇酒的皮埃罗形象能够与之媲美。我是怀着无法停下的激动心情来喝上一杯这样的佳酿的。"

加速流通

通过陆路及水路，以及后来革命性的铁路的出现，让法国南部的酒能够运往北部地区。一些专为运输葡萄酒设置的火车站，像博若莱杜博夫酒庄（Duboeuf）建的罗马内什托兰车站，或者是东比利牛斯地区蒂尔市的比赫埃菲尔大堂车站，成为葡萄酒货柜及铁路的中心交汇处，能够将酒运往法国的每一个角落，因为这里有着全世界最密集的铁路网络。法国每一处领土都有着便利的铁路交通网，那些"厢式酒桶货柜"让葡萄酒的运输变得十分便捷。而在水路方面，葡萄酒则通过专门运酒用的货船来运输。

波尔多地区是连接这些平台的交汇处。这里的港口一直是海外出口的要道，铁路成为内地市场竞争的一部分——1874年，波尔多至巴黎之间的铁路每年运输1.3亿升葡萄酒到巴黎贝尔西的葡萄酒交易市场，使得酒商能够首次投资法兰西岛大区的市场，以取代正在亏损中的中部大区和勃艮第大区的葡萄酒市场。

根瘤蚜虫害所引起的葡萄酒市场衰退一直持续到诺曼底地区劣质的葡萄酒退出市场。在巴黎地区，旺代省的西部，从19世纪开始这里流通的产品便主要集中在南部产区出产的葡萄酒上：近一半的葡萄酒都来自朗格多克和加泰罗尼亚地区的四个主要产区：埃罗省，加尔省，奥德省以及东比利牛斯省。海路的航线在1858年从佩皮尼昂延伸至马赛来运输南部出产的葡萄酒。PLM（巴黎–里昂–马赛）铁路线将这些酒输送到近半的北部地区：蒙彼利埃的米佳维勒酒业公司在1918年就输送了15亿升的葡萄酒，他们拥有700个2万升的货柜酒桶，每年在这条路线上运转100次以上。

北非的殖民地，邻国意大利、西班牙及葡萄牙在酿酒业危机发生期间满足了法国的主要都会城市的市场需求。1880年，2亿升阿尔及利亚的葡萄酒运抵塞特港，到1887年这一数字变成了4亿升。其中马赛接收了其中每年200万升的葡萄酒。土伦市在1885—1887年自己进口了3 500万的意大利葡萄酒及2亿升来自西班牙及葡萄牙的葡萄酒。当然，那一时期农业部颁布的保护性的梅林法令（1888年与意大利签订，

1892 年与西班牙签订，1897 年法律汇总成为卡登纳法）也明显地削减了葡萄酒的进口。然而，马格里布殖民地地区的自由贸易却在增长。布雷斯特①接收了来自阿尔及利亚的葡萄酒并将其再发往布列塔尼大区各地。1912 年，这些酒在鲁昂的港口卸下，从那时候开始鲁昂就成为葡萄酒行业排行第一的港口，超过 43.3 万吨的阿尔及利亚葡萄酒，此外还有 9 千吨突尼斯葡萄酒，1.5 万吨西班牙葡萄酒以及 8 千吨葡萄牙葡萄酒在这里进入法国。1900—1940 年，这些地中海沿岸产区的葡萄酒随着明信片及海报的传播而获得广告价值，而在 1945 年以后，它们的广告被印在了学校的墨水纸及作业本上。那时候，歌唱家德柏罗（Debailleul）因《玛萨拉酒》一曲而获得巨大成功，1893 年，歌曲由巴黎的阿尔卡萨会馆翻译传唱：

在索伦托岸边，

那位年轻俊美的那不勒斯男子，

在沉眠的浪涛声中，

歌唱爱情，由夜及晨昏。

他的声音甜美而充满自嘲，

而眼眶中常含泪水，

他那愉悦的歌声忽然停滞。

"女人们热爱飞翔的翅膀。

我喜欢的那人飞走了。

别再提前那些不忠的人了。

① 法国最西端海港城市。——译者注

把残酷的话语吞下肚子，

倒上！倒上！倒上玛萨拉酒！"

南部出产的葡萄酒甜美润心，酒精度数很高，经常被用于"提高"其他较轻盈的葡萄酒度数。一些波尔多的酒商甚至亲自参与到这样的勾兑工作中：路易·埃舍诺埃（Louis Eschenauer），他的女婿在阿尔及利亚办了一家酒业公司，从米提加以及特尔附近的丘陵产区进口了几万升的葡萄酒并将其与波尔多产的劣质酒勾兑起来，然后按照"真正"的波尔多酒售卖。这样的手段无疑会激起酒农们的愤怒。

葡萄酒之战

大批量的进口葡萄酒加重了 20 世纪初期葡萄酒产能过剩带来的影响：迫在眉睫的销售危机引发了 1907 年和 1911 年的两次酒农暴动事件。

在根瘤蚜虫害之后散尽家财才得以重新喘息的酒庄，在新世纪开始的初期迎来了大丰收，也引起了葡萄酒收购均价的下跌：1885 年每百升葡萄酒收购价为 36 法郎，1893 年跌到 12 法郎，到 1905 年甚至跌至 6 法郎。全法的葡萄酒产量从 50 亿升（1885 年）上升至 68 亿升（1905 年），这还没有算上从阿尔及利亚进口的大批量葡萄酒。法国南部情况尤为严重。四个主要的省份加尔、奥德、东比利牛斯、埃罗再也没法出售用阿玛龙葡萄酿造的"肥硕葡萄酒"（每公顷能够产出 5 000 升的葡萄酒）。在莱斯皮尼昂市的村庄里，靠近贝济耶镇的一边，酒农们也没法生存：每公顷的葡萄园产出了 3 700 升的葡萄酒，每百升价格为 8 法郎

（1904—1907 年），折合 296 法郎；然而种地的成本已经上升至 300 法郎了。

酒农们的情绪日渐躁动，越来越多的人聚集在一起：1907 年 3 月 24 日，酒农及"葡萄酒皇帝"马塞兰·阿尔贝（Marcelin Albert）在奥德省的萨莱莱镇组织了 300 人的集会；随后 5 月 12 日，贝济耶镇的集会人数超过了 12 万人；到 5 月 26 日，卡尔卡松地区的集会人数达到了 25 万人。纳巴达的市长费劳尔医生（Ferroul）甚至向政府投递了最后通牒："如果在 7 月 10 日前政府还不能采取必要的措施来调控市场，我们将会宣告罢税，且（酒业保护相关的）协会将会介入，可能还会进行更为激进的活动。"7 月 9 日，在最后通牒发出的两天后，蒙彼利埃大街上聚集了 60 万民众开始游行。

很快地，需要为这场暴动负责的人浮出水面：假酒的销售者向市场以低价投入了数百升的掺假葡萄酒。人们高举写着"制假者去死！"的标语牌在街上游行。实际上，在产出匮乏的 19 世纪 80 年代，制假行为翻倍地增长。"今日，食品的制假行为已经形成了一个真正的产业。"1883 年，圣艾蒂安的市政化学研究所顶住各方的压力推出了这样一份报告：在 1900—1905 年收集并分析的 3 523 份葡萄酒的样品中，有 12% 的葡萄酒是"勾兑"得到的，另外有 7% 的葡萄酒掺假。有毒的矿物质、葡萄酒杂质，如用于染色的品红、砷、硫酸、铅还有铜等都可以在葡萄酒桶里找到。造假者常用石灰来调整葡萄酒的酸度，酒精的度数则通过添加甜菜糖发酵来解决，这就是所谓的"制酒"（Vinage）工艺。当局颁布了越来越严格的法律，然而并没有什么用处。加糖发酵的工艺被限制使用。调酸的工艺则被允许使用，因为它可以延长葡萄酒的保存时间；不过这种工艺存在危险性，硫的添加量不能超过 4 克 / 升，同样，明矾的量也不能超过 1 克 / 升；对于用石灰调酸的葡萄酒来说，添加的醋酸石灰不能超过 2 克 / 升。尽管如此还是缺少监控的人员，而且政客们往往不会遵守投票通过的法律：

> 一位代表官员来到酒窖里，搅动了那些神圣的汁液，在一片甜菜田前面歌颂葡萄酒之美。在年老的智者沉思的神色中，只有拉文捏（Bernard Larvergne）为我们申诉！然而，这将成为大逆不道的事情，侮辱了新的和老的葡萄酒，就连酒窖里那疯狂的慕斯，也会试着去改变她弹奏的竖琴。

农民们的愤怒情绪逐渐升级，因为除了制假的葡萄酒，还有那些仿冒的、加糖的或者以葡萄干制作的，甚至是粗制滥造的葡萄酒。只用 50 千克的糖，他们就能做出 3 000 升 9 度 ~10 度的葡萄酒。30 余千克的葡萄干泡在 100 来升的水里面就可以发酵出 100 升 7 度 ~8 度的白葡萄酒。这些手段给葡萄酒业带来了灾难。

> 为葡萄酒业而战。贝济耶，1907 年 5 月 12 日。[①]
> 1907 年对酒农来说是艰难的一年。滞销给他们带来了可怕的灾难。地主及工人们聚集起来尝试着通过集会来引起掌权者的同情心和关注。
> 贝济耶的那个 1907 年 5 月 12 日的星期天，被认为是我们这一时代最值得铭记的一天。

① 雷蒙·罗斯，贝济耶地方志，贝济耶，克莱雷顿书局，1941，p. 203 /204。

我们曾说："凡尔赛宫被饥饿的巴黎人民所占领"隐喻人民推翻王室。此次，无论男女老少，成百上千地涌入我们的广场、步行街，我们的街道、花园，他们通过特殊的火车和不同的交通工具，来到这里占领了这座真正意义上陷入战火的城市。

这场游行是处于萧条社会下的工人和其妻女来到贝济耶呐喊出他们的不幸，寻求最终的解决办法。

街上可以清晰地看到女人们悲伤的脸庞，以及酒农们憔悴的神色。号角发出的声音向人们发出了战斗的信号。

在所有的呐喊当中，那些游行标语诉说了最为狂野的葡萄酒业诉求："活着工作或者死于战斗""造假者去死""发出我们的声音和行动""面包或者死亡""政客比面包还要多""胜利或者死亡"……

7月10日，葡萄酒之战正式打响，罢税的行动宣告开始。442个政府设施瘫痪。纳巴达的市长费劳尔号召人们在经过市政府前扬起黑色的帽子。国务秘书阿尔贝特·萨罗（Albert Sarraut）被罢免，而内务部长及议会主席乔治·克列孟梭（Georges Clemenceau）指派了军队控制局面。6月19日—20日，整个南部地区加入游行行动中，佩皮尼昂、蒙彼利埃、贝济耶陷入了暴力斗殴当中。在纳巴达，军队对人群开火，共计有6人死亡，十多人受伤，多个领头人被逮捕。第十七军团因为有着大量来自埃罗省的士兵而被当局认为不可靠，被从贝济耶调派到阿格德。然而这条命令已经太晚了：已有500名士兵哗变。国家陷入了分裂的边缘。

事实上，如我们在谈20世纪"公众情绪"时候提到的，"公众情绪"很快就熄灭了。克列孟梭的威严及诡计控制住了局面：哗变的士兵被送到了突尼斯南部参加例行的战斗；最后一名运动的领袖——"葡萄酒皇帝"马塞兰·阿尔贝因收受政客 100 法郎的贿赂而失去民心。事实上，政府赦免了起义的民众，特别是还推行了一系列控制制假的措施，宣布不允许在葡萄酒中加入添加剂，并加收了糖的税费。非天然制作的葡萄酒——如用糖、葡萄干制作的葡萄酒，或是勾兑水和酒精的葡萄酒终于受到了打击。在费劳尔的领导下，南法的酒农联合总会最终得以组建，来控制市面上的假冒葡萄酒。然而，南部的战火刚停息，北部又燃起了硝烟。

战火烧到了香槟区，这个出产精品葡萄酒的地方所爆发的革命，起因是不公正的原产地命名认证。1907—1911 年，根瘤蚜虫害、冰霜及雷暴让马恩河谷地区的收成很差。酒商们放弃了采购这些提高了价格的葡萄，转而去奥布地区收购，但这片产区已经被 1908 年 12 月 17 日颁布的产地命名法律排除在"香槟"的区域外。香槟的酒农工会联合会于 1910 年 10 月 16 日在埃佩尔奈组织了规模达万人的大型会议。在1910—1911 年的秋冬之季，罢税的行动开始，艾镇地区的酒商迪库安（Ducoin），其驻地甚至被放火焚毁。军队立刻介入，这一次介入的是第 31 "龙"骑兵团，很快就让暴乱平息。特别是在 1911 年 2 月 11日，政府禁止了所有来自非香槟命名区域的葡萄酒使用"香槟"的名义销售。

第二场革命在奥布瓦地区打响。保险经纪人及社会党人加斯顿·查克（Gaston Cheq）领导酒农及民众向着骑兵队伍挥舞红旗及象征法国的三色旗。运动的目的是阻止"香槟"的命名区域局限在马恩河谷地区。然而马恩河谷地区的酒农则激烈地回应：在艾镇，一座只有 7 000人的小镇，有 6 000 人上街游行，甚至有人往酒商的驻地放火。最终，1911 年 6 月 7 日颁布了貌似能够满足了奥布瓦酒农意愿的法律，划分出了"香槟区第二区域"。但战火其实在葡萄藤间掩盖着。仅1927年一年，奥布瓦大多数的葡萄园都回归到了香槟的命名区域中。

这两场革命展示了葡萄酒的"民心所在"，以及因葡萄种植而引起的社会敏感度。国家也似乎因此而明白需要警惕葡萄酒产业。因为产能过剩及滞销引起的新危机需要尽快地疏导平息。

葡萄酒市场的国家调控

国家调控葡萄酒市场的案例出现在1930年。产能过剩带来的危机驱动了议会活动不受阻碍而得以恢复。立法机构采取了定性的方法及其他经济手段来管理市场，如下令将过多的采收葡萄必须送到蒸馏厂回收利用就是其中一环。最终"葡萄酒的成文法"在爱德华·巴特尔（Édouard Barthe）的议会活动中得以颁布。这部总则被组合到1936年12月1日的法令中，被称为《葡萄酒法典》。6个无益于酿造葡萄酒甚至危害健康的葡萄品种被禁止使用。法令禁止的葡萄被拔除，过度生产的葡萄被送入蒸馏釜里。财政部的一个特别机构负责对过高的产量征收税费，并保证一个最低的葡萄酒每百升出售价格。三类葡萄酒成梯度地被划定："地区餐酒"处于最低级，被限制流通，"勾兑葡萄酒"为日常饮用的葡萄酒，"地区命名葡萄酒"则面向离产区更遥远的贸易市场。

这些划分使得不同的葡萄酒得到针对性的管理。这得归功于教皇新堡地区的酒农，乐华男爵（Le Roy）。1935年7月30日颁布的法律条例由农业部部长爱德华·巴特尔签署，组织了由乐华男爵推动成立的"国家葡萄酒及烈酒协会"：这个协会负责确认不同原产地的特征。

　　此外，在葡萄酒业挣扎着出售自己过剩的葡萄酒时，广告也变得更加普及。国家的高调介入，掌管了商贸公司之间的连接点。1931年，法国为了支持葡萄酒业而成立了国家宣传协会："它通过商家成为生产者及消费者之间的友伴及联系人。"CNPFV（葡萄酒国家推广协会）投入了500万法郎的预算，进行了一场生动的宣传："在咖啡厅里，每一餐都需要葡萄酒来搭配，甚至在工作中也鼓励工人们去替换现有的饮品。如果有人想要更换他日常喝的饮料种类，推荐他饮用由法国产的葡萄酒调制的开胃酒，如味美思酒、诺力酒、比赫酒、杜本内酒等，而不是像仙山露酒或其他来自外国的饮品。"CNPFV包含了一个专门的葡萄酒宣传组织，1930年，它的公共推广能力显示出了巨大的活力。这一年，它组织了一场海报评比，奖品是海报的内容——葡萄酒（一桶、半桶或者一箱葡萄酒）。著名海报画家李奥纳多·卡亚罗获得了冠军。他画了一个放在六边形中间，上面盖着葡萄和葡萄藤的海报，里面就写着一句广告语："饮酒，并享受生活。"

　　推广葡萄酒成为国家的职责，一种学术的职责。来自赛特港，以及曾为埃罗省的参议员的马里奥·鲁斯唐（Mario Roustan）成为总理塔尔迪厄内阁的公共教育部部长，发出了以下这份通函，大大地倡导了葡萄酒的宣传。

　　公共教育部部长马里奥·鲁斯唐，关于有利于葡萄酒宣传的通函1931年8月5日

　　教员先生，

　　我曾于多个场合被咨询到，在众多官方或者私立组织在进行的有益于葡萄酒销售的宣传中，作为我们众多教育机构的领袖该持何

种态度。

第一点需要被提及的是：政府不仅要组织，还要鼓励这样的宣传推广。经过那场引起极大回响的议会辩论后，葡萄酒的声誉得到了捍卫。在我们的国界内外，法国葡萄酒成为我们伟大国土上备受赞誉的财富，还是我们最为骄傲自豪的荣誉之一。当然，反对和不可容忍的观点是存在的，那些掌控着国家教育的人成为公众意向的对立者，或者是以不变应万变，应对那些本该由他们来促进的大众呼吁。

但很不幸地，我发现我们在学校的听写本及课本里禁止选择那些以葡萄酒为题材发表的有趣作品片段。然后公共教育部部长对此推动的方式仅为形式上的签署发行。

肯定存在一种方式可以让我们加入促进将法国产品推广到全球的行列中。你们需要去发现以及采用那些推广葡萄酒的方法。我不相信一名教师在向孩子们提及法国无可替代的葡萄酒资源是有违师德的，就在1875年，伊夫·古约先生提出，从社会的角度来看，葡萄酒已经占据了7百万人口的生活，同时，它紧密地连接了中小型土地拥有者，给予手艺人更高的收入等。

我实在想不到从法国历史的开端到战前的时间里，有比葡萄酒更能展示给世人的东西了。闻名于世的葡萄酒让法国的价值得以体现，特别像是在司汤达的《旅人回忆》一书中提及的趣闻，贝松上校率领部队回归莱恩军团时，在伏旧葡萄园前立正站定，向左发出战斗的命令，摘下那些最好的黑皮诺葡萄来奖赏最应获荣誉的士兵们。

　　……

　　这些在我看来，教师们有责任教育下一代来传承这种文化，以免陷入文化的困境。在发现现在的许多人对于葡萄酒的普及举棋不定后，我决心要引起你们对这些问题的思考。对抗毁灭性的酗酒话题，你们从未足够重视：对于葡萄酒的维护也是这场无可退却的斗争的一部分。我太了解你们有远见而又审慎的思想，所以也许并不能让你们全都能听从这样的意见。我也对你们的说服能力有着过多的信心，以至于不确定你们能够和年龄各异的学员分享葡萄酒的文化，而在此间，你们需要成为顾问及引导者。

　　此致，教育部的各位先生

第七章
葡萄酒社交

1830—1860 年，每一位法国人的年均葡萄酒饮用量达到了 81 升（差不多每天 1/4 升）。60 年之后，每人的年均饮用量飙升至 168 升：这是历史性的纪录，也是世界性的饮酒纪录。

法国葡萄酒润湿了所有人饥渴的喉咙，在这个国度，从南到北，从贵族到小手工艺人都从它那里获得满足。1840 年，葡萄酒的消费依然与它的产地紧密相关：南部的普罗旺斯和朗格多克，西南边从旺代省到朗德省地区，还有洛林，以及香槟区和卢瓦尔河大区等地，是消费的重地。然而西部、北部，以及中部大区和东部大区的葡萄酒消费相对较弱。20 世纪最初 10 年，比较抗拒葡萄酒消费的区域只剩下西部产苹果酒和北部产啤酒的几个省份。更让人惊讶的是，西部布列塔尼地区的菲尼斯大省这时候的年人均葡萄酒消费已经达到了 25 升，而在瓦朗西纳市，针对葡萄酒消费的报告指出，葡萄酒与啤酒的消费比例从 19 世纪 20 年代的 1 : 15 上升到了 20 世纪前 10 年的 1 : 5。而在 19 世纪下半叶，巴黎人的年均消费量达到了 150~200 升（相对而言，啤酒只有

8~10 升）。"那神圣的酒瓶"将那些"大喊大闹、到处搞破坏、坏脾气的丈夫、没钱的顾客还有酒鬼"都聚集在一起。

法国的情况并不是独一无二的。地中海沿岸的弧形区域都被葡萄酒的酒色染红。当法国在 20 世纪初期宣称人均年饮酒量达到 144 升时，意大利达到了 129 升，希腊也上升到 100 升，葡萄牙消费了 93 升，西班牙也有 69 升。50 年后，法国的人均年消费量上升至 200 升，而意大利的消费量却最多只有 130 升。

从那时候开始，葡萄酒走进了人们生活的方方面面。19 世纪葡萄酒以它的凝聚力以及所彰显的地位塑造了一种社交文化。专业的"小团体"（Coterie），不同的社会阶层都聚集在一起饮用葡萄酒。餐桌上的艺术巧妙地划分出了不同的社会生活条件。每一餐摆上一杯、两杯或三杯葡萄酒显示出了请客主人的不同生活条件。葡萄酒以它的饮用价值及主人的待客之道真正地进入了社交场合。

餐桌上的葡萄酒

　　法国大革命取消了贵族们的特权。葡萄酒，我们说的是那些真正的葡萄酒，而不是那些旧社会里饮用的劣质葡萄酒，终于可以登上每顿饭的餐桌。现在已经不存在十一税，葡萄酒也不完全用于交换日常生活所需，它终于可以供酿造它的家庭饮用了。在文献及绘画作品中能看到，19世纪下半叶，葡萄酒已经出现在各个地区人们的餐桌上。作家、绘画家亨利·万瑟诺（Henri Vincenot）笔下的勃艮第，小说家莫里斯·热纳瓦（Maurice Genevoix）所书写的卢瓦尔河谷，作家让·吉奥诺（Jean Giono）记录下的普罗旺斯，还有政治家路易·布雷夏（Louis Bréchard）出生的博若莱都有着几乎相同的饮酒习惯。

　　餐桌上，人们赋予了葡萄酒主角的地位。常常在乡村，人们吃饭前的第一个动作就是跑进酒窖里："克劳德先生吸了一口酒，发出了清脆的声音；他将这口酒引到喉咙深处，在那里停留一小会儿，两颊鼓鼓的，双眼望向酒窖的天花板；然后，舌头突然松弛下来，酒液重新流回牙齿之间。好几次，他重复这样的动作，唇齿间发出噪响，这声音就跟开水龙头一样。他的上下颌贪婪地咀嚼着，最后一气咽下。"来到餐厅，虔诚的人们做完例行的饭前祈祷后，葡萄酒被倒入了男人们的酒杯里。一家人用面包蘸着浓汤安静地享用食物。男人们会往自己的汤里倒一点儿红酒，这就得到了名叫"夏洛"（Chabrot）的汤。这顿美食唯一还能剩下食物的地方就只有在祖父那沾着"夏洛"的大胡子上了。在一个三代同堂的家庭里，一桶200升或110升的葡萄酒在夏天是放不过两个星期的，一家人很快就能把酒喝完，更别说还得偶尔招待串门的邻居了。即使是在务农工人的家，"所有的人都喝葡萄酒，多多少少都会加点儿水进去，三四岁的小孩子都会少量地喝点儿掺了水的葡萄酒"。

在中产阶级的餐桌上，不管是在乡村还是在城市，主人都会很有排场地将葡萄酒端上餐桌。葡萄酒通常来自自家的酒窖。至少直到1860年，桶装的葡萄酒才被瓶装的葡萄酒代替，这段历史可能展示了社会经济的发展。一些学术研究指出，在里昂、圣艾蒂安和格勒诺布尔等地，1860年前中产家庭酒窖里的藏酒大多来自附近的产区（博若莱、罗纳河谷等），后来一些更优质产区出产的葡萄酒慢慢进入了他们的酒窖中（勃艮第、波尔多、香槟）。他们餐桌上的装饰也十分考究，上面常放着一个倒酒的篮子，一个酒壶形状的小铃铛，一个酒瓶的陈列架，其他的用具虽然通常没什么作用，但也会放上去，例如剪葡萄的剪刀，两个被称为"布贝"的酒杯（Poupée，16世纪于纽伦堡发明），可以让男士和女士同时饮用葡萄酒。大的杯子供男士使用，而小的一只则供女士使用。当然还有其他一系列的杯子：结婚酒杯、带着"英式"杯底的酒杯、纪念酒杯、带石匠标志的酒杯等。杯子的用途很有讲究：用来喝水的、喝白葡萄酒的、喝红葡萄酒的、喝开胃酒和喝消化酒的，都不一样。酒壶都是陶制的，上面装饰着锡或者银。就连开瓶器都一个比一个来得精巧。

城市里的工人最终也尝到了葡萄酒。维勒梅医生在19世纪40年代对全法的纺织工人做了一场调查，了解到工人们"只在领工资的当天或者第二天才能吃肉喝酒，也就是说，每个月只有两次机会。那时候的葡萄酒还是太贵了"。一名工人需要工作半天才能买到两升8度的葡萄酒。历史学家们也看到了他们的困苦：1848年，一个种植黑麦的家庭每天花费20生丁在葡萄酒上（家庭8.6%的食品支出）；而里昂的一名丝绸工人只能花费10生丁来买酒（家庭11.1%的食品支出）。圣沙蒙市（卢瓦尔省）的一名制钉工人甚至只能喝水度日。19世纪葡萄酒的消费增长还是十分明显的，工人购买力的增加以及葡萄酒的税费减少让酒精饮品的消费在工人阶级中快速增长。50年间，工人们对葡萄酒的消费支出翻了三倍：1860年酒的支出为食品消费的5%~8%，20世纪伊始已经达到了18%~20%。1906年，工人们只要工作1小时就可以购买两瓶10度的葡萄酒了。

　　19世纪时，学者们以专题的形式做了许多关于工人生活条件的调研。这些专题报告从定性和定量的方面讲述了工人群体中涌现的新嗜好。一支由社会学家勒普勒率领的社会经济研究队伍自1881年开始在《社会变革》杂志上发布了第一份研究结果；社会学家霍布瓦克的研究团队于1907年完善了研究数据，得出了工人们购买葡萄酒的费用支出已达11.4%，1913—1914年劳动部的调研数据中，这一数字达到了12.4%。酒精饮品已经成为工人阶级第三大食物费用支出。以一名巴黎地区的木匠为例："葡萄酒是家庭日常饮品，但因其现在高昂的价格已经被从工人们的日常用品中除名。家庭主妇也从购物单里删掉葡萄酒，转而用葡萄干、水和杜松子酒制作出一种勉强称得上是果酒的饮料。丈夫在外边对付两顿饭的时候喝点这样的酒，他们相信0.75升这样的葡萄酒能够让他们维持力量。只有在很少见的场合，例如在接待朋友或者在父母的家宴上，才能喝点儿白兰地。"1878年，对于在巴黎附近马拉科夫市的制鞋工人来说，一天只能赚6法郎，工资非常少："最低的营养来源是葡萄酒，每天工人要喝上1.25升的葡萄酒，肉类是每顿都有的正餐，特别是冬天，一家人会食用更多的猪肉。"而在圣艾蒂安的煤矿里工作的矿工则"喝越来越多的葡萄酒，这成了他们生理上的需求，根本无法停止。每天基本的分量要到4升"。在巴黎，厨师们每天至少得喝2~3

升。在多乐市（茹拉地区），工人家庭常常每天只喝1升葡萄酒。

在葡萄酒变得越来越普及的同时，与饮酒相关的"黑话"也流行了起来。对于工作在铁路上的工人来说，喝酒是"喷水闸""润滑轮子"；对于巴黎的锅炉工人来说，是"重新点着炉子"。在美好时代，一瓶酒的价格才30~40生丁，而那时候工人一天的工资就有6法郎了。在工人的日常购物中，葡萄酒得按升来采购，因为以他们的经济能力没法在家建一个酒窖，也不允许他们整桶地往家里添置葡萄酒。杂货店和咖啡店都乐意为妇女和孩子赊账出售"外带"的葡萄酒。然而对于工人来说，每天的出工和收工时刻，还有星期天，他们更乐意到小酒馆里喝上几杯。

酒肆里的葡萄酒

19世纪，咖啡厅成了买卖和饮酒的中心场所。曾有研究长期调研过法国北部的主要城市：巴黎及其市郊、以煤矿和纺织闻名的北部城市、布列塔尼还有诺曼底等，而对酿酒的南部地区投入的研究则相对很少。在博若莱和罗纳河谷之间，学者们找到了一个新的研究对象：圣艾蒂安。

这个以矿业及工业闻名的地方，由新移民组成，这里展示了一个"泡在酒精"里的城市该有的所有特征。这里也是一个工业城市快速发展的最典型例子：1820年这里仅有2万居民，1872年上升到11万，成为法国第七大城市。采矿，冶金及饰品行业组成了这座城市的三大工业支柱。烈酒，特别是葡萄酒，汹涌地流向了小酒馆的柜台，这样的小酒馆在几个河谷区域，如昂丹河、弗朗河以及吉尔河流域，都特别多。而这片区域也正处于三大葡萄酒产区之间：博若莱—罗纳河，弗雷以及罗纳河谷山丘。虽然人口增长很快，但圣艾蒂安在 19 世纪 60 年代，每 123 位居民才拥有一家售货店，到 19 世纪 90 年代，售货店的数量才达到每 74 位居民拥有一家。到 20 世纪初期，每 62 位居民就有了一家小酒馆。在某些街道上，甚至每 3 户就有一家喝酒的地方。

售货店的老板被称为"Bistrop"或者"Mastroquet"，这里我们借用了"troquet"一词衍生出酒馆老板的意思。一直到"二战"结束后，我们才有了新的词"吧台招待"（Barman）。售货店老板在很长的一段时间里都被归于小商户的类别。他们通常都来自很远的地方——就像巴黎的那些来自中部大区的"煤炭酒商"，但他们很快就能融入当地人的生活，赢得了当地人的信任并参与到地方的政治和社交生活中去。这里可以举一个影响颇为深远的例子，1903 年，涵盖了上文提到的小商户的酒类行业工会办公厅在媒体上展开了关于饮酒的激烈辩论，并成功地将公共卫生联盟中支持戒酒的成员辩倒，阻止了他们要成立一个永久禁酒的组织的想法。而在这场辩论中，咖啡厅老板这一职业成为社会推广的中坚力量，为饮酒文化的发展提供了独立的思想及某种程度上的贡献。它成为仆人、农民，甚至工人的理想职业之一。

关于这些小商户及他们的售货店的回忆是多姿多彩的。文献中记载了他们的形象："咖啡厅的老板，让 – 克劳德·安热尼厄（Jean-Claude Angénieux）就是这样的人，皮肤干燥，瘦小，蓄着高卢式的络腮胡子，他曾是一名'枪钳工'，就在厨房里靠窗户的一面他还弄了一个工作台。咖啡厅更多的是他妻子的舞台。他当然会到咖啡厅里帮帮忙，就穿着制作枪械的时候穿的围裙，腹部的口袋里装着开瓶器或者开塞器。不论冬夏，他都戴着一项巨大帽檐的黑色毡帽……除了在武器制作方面的才华，他还是一个不错的赤脚医生。人们常常会来找他治疗一些宠物甚至是人的小毛病。他会用药茶和他的医学知识来治疗手术后留下的小伤口，并帮忙埋葬死者。我还记得有一天，有一个惊慌失措的女人跑进咖啡厅里面大喊着他的名字。她刚刚发现她的邻居，在邻村的一棵树上吊死了……"

所有的行会都有着自己对内开放的咖啡厅：军队驻扎在多利安广场上的时候，"制造男孩"（即为军队制作武器和载具的工人）咖啡厅就开在了佛雷耶大道50号。同样，开在制枪匠人聚集街区的希瓦夏咖啡厅，店铺位于维尔博夫广场以及巴杜业街的交汇处，女老板的祖先、祖父、父亲和丈夫都是制枪匠人。

行会成为劳动者某种形式的上的贵族阶级，于是更加高级的咖啡厅应运而生："这里有一家露天的大型咖啡厅，那个在我看来非常巨大的柜台上盖着一块玻璃，上面倒映着色彩各异的酒瓶子。明亮的柜台上放着一个大得有点吓人的咖啡制作机器。一旁放着个镀镍的衣物架，上面晶莹发亮的挂衣球上放着几条用来擦大理石桌子的抹布。"这家咖啡厅每周一的时候都人来人往，特别是在八九月的时候，因为这段时间它会推出"神圣星期一"的活动。这里我需要解析的一点是：这是制枪匠人的一个特殊传统：8—9月，在狩猎期开始之前，他们不仅仅在周六要干活，甚至连周日都得加班。然后"等赶工的压力过去了，很多大大小小的店铺老板当然就会跟他们的搭档——当时很少会招工人的，在神圣周一的时候到咖啡厅聚一聚，喝点白葡萄酒、吃些香肠什么的"。

城市里到处都是矿井。矿工们睡在街头上，给人们的记忆里留下了不可抹去的一幕。矿工们成立了自己的组织，一个以饮酒而闻名的

行会。历史学家伊夫·勒坎（Yves Lequin）对此做了研究，在他的论文
《里昂工人调研》里面提到，葡萄酒占了一个普通家庭每日食品支出的
26.7%，对于单身的矿工来说，这项支出占了48.5%。更进一步，矿工
们还成立了"饮酒者协会"，不同地方的协会都会取一个生动华丽的名
字：像圣艾蒂安的"利兹之友"，维拉市的"盐喙"，菲尔米尼市的"无
渴之林"以及拉里卡马里耶的"酒窖之匙"等。矿工们常常在这些城
市里为数众多的酒馆里聚集，这些酒馆专门为他们开放，氛围友好且
世俗。

　　"氛围最热情的，当然就是我阿姨和表妹开的咖啡馆。那是一家很
小的只为矿工们开放的咖啡馆。我已经忘了他们工作的矿井叫什么名字
了。你们会记得吗，那个位于儒勒－贾宁大道和皮埃尔－杜庞街之间的
矿井是叫维利尔，还是叫泰伊芙来着？不管了，我阿姨开的咖啡馆就在
儒勒－贾宁大道和皮埃尔－杜庞街的转角位置，靠着那个铁路月台。庞
格朗一家接手了这家咖啡馆，因为庞格朗先生就是武器的装饰工人，所
以他的妻子就接手经营了这样一家咖啡馆。她招待的客人跟普通人完全
不同。丈夫的工作是为武器抛光，而妻子负责经营咖啡馆，她丈夫在咖
啡馆附近的工作场所来往的工人就能保证它的运营。她丈夫死得很早，
然后我爸爸成了我表妹的导师，这就是为什么我们常常会去皮埃尔－杜
庞街。这家咖啡馆跟其他的差别不大。大门开在两条街的转角处，下面
是平整的一块，上面开着两扇窗户，每扇窗分别对着一条街，用跟大门
一样颜色的白色窗帘装饰着，挂在铜制的窗帘杆上。外面的门钟，或者
说是一根根的铜管，挂在门下面的一个金属碟子上，这是一个很神奇的
高度，每当有人进出时，它都会发出清脆的声响。咖啡馆的中间放着圆
桌，周边靠墙的一圈排列着方形的桌子，椅子是木头做的，墙上挂着一

排镜架：镜框是黑色或者金色的，里面展示的是各种奖章、未抛光的宝石，就挂在房子的三角楣之下。靠近这些镜框的便是那些人们耳熟能详的海报和广告，不过在咖啡馆的最里面，靠近厨房的门边，摆着一张用木头和锌做的柜台，架子上放满了葡萄酒、开胃酒还有烈酒的瓶子……那里曾经还有一个上釉的路灯（火炉子），就挂在那扇云母片制作的窗台上，炉子里煤炭烧得红红的。在那些大窗户的后面，紧挨着窗户的玻璃，排列着一罐罐的天竺葵和洋铁叶……路灯上面，当然还有着一个大水壶，体积至少有 2~3 升，整个冬天就在咕嘟咕嘟地唱着歌。店里没有咖啡机，也没有量葡萄酒的器具，但是杯子鼓鼓的地方有一个标记，这样就可以保证每倒一杯酒都是刚刚好，咖啡则是在一个上了釉的很大的咖啡壶里制作，一直放在火上来保持温度。一杯杯的烹肉调料在一个小架子上排成一排，旁边放着的是那些有着玫红色边的白色咖啡杯。约瑟芬·庞格朗用她的铁腕将咖啡馆打理得井井有条：忙活一天下来她的头发丝毫不乱，发髻扎得紧紧的，穿着一件黑色带白色蕾丝领的上衣，挂着一件白色或者黑色的棉围裙。她热情好客，矿工们到点就会自觉地来到这里坐在老位置上，把整个咖啡馆都占满了。有时候他们身上还是满是煤灰的印痕，但我相信他们都是很开心的，在走出矿井那拥挤昏暗的长廊，来到约瑟芬身边后就像是到了避风港一样，得到喘息，以及某种意义上奢侈一把的感觉。"①

　　然而所有的工业化城市也同时是富得流油的城市。从它们的小酒馆和咖啡馆中就能看出这一点。更加舒服，更加奢华，酒杯中的美酒度数也更高了。市中心马伦哥广场的商贸咖啡厅则代表了社会阶级的另一

---

① 卢瓦公开大学 1984 年《纪念及遗产》研讨会收集的资料。

头，这里是因商起家的资产阶级聚会的地方。"我的父母有朋友是做丝绸生意的，传统上，我们都习惯了和他们一起过新年。我们会包下黑马餐厅来享用大餐。然后我们就到商贸咖啡厅度过一个下午。我们畅谈着，小酌一口美酒，打一打台球。尽管小孩甚至是大人都挺厌恶来咖啡厅这样烟雾缭绕的地方。但这里是一家奢华的，到处放满了镜架，还有大的桌球台的咖啡厅，这里给人一种浮华、清凉而舒适的氛围，没有那种走进小咖啡馆时一股热气扑面的感觉。"

我们已经无从得知当时的商品贸易规模有多大，以后也没办法弄明白。城市消费人口日益增加，在乡村地区则刚好相反，贸易频仍的地方日渐减少，而且开始出现了功能的分化。乡村地区的咖啡馆还常常承担着杂货铺的角色，葡萄酒只不过是其中的一种商品。有座位的咖啡厅，肯定都是建在中心的广场，紧邻着通往各处街道的路口，靠着市政府和学校。在史提芬诺斯区和弗雷平原之间的昂德雷济厄镇（Andrézieux），在巴西居尔广场上有一家皇家咖啡厅："它还是一家杂货铺，巨大的厅堂分成两半，同时作为咖啡厅和卖日杂的地方。一半的地方在最深处的角落里放着几张开飞桌。在烟囱下的壁炉台附近放着那些用开胃酒瓶子装着的热可可。出售日杂货品那一边的柜台延伸过来很小的一段，人们就坐在这上面喝咖啡。卖咖啡的另一边拥挤地放着几张桌子，人们在那里聚集，喝酒，那气味对我来说有点受不了：那里飘着一股烟酒气，盖过了那边杂货铺传来的香料、蜂蜜、糖果还有咖啡等好闻的香气。这是一家麻雀虽小、五脏俱全的杂货铺，在这里能找到从糖到木鞋等所有的日用品。人们一桶桶地买葡萄酒醋，按瓶子来装一升的油，顾客得自带杯子来装芥末酱、醋或者腌黄瓜。意粉、干的青豆角还有咖啡并不是装在包装好的袋子里出售的，而是放在一个个分装槽里舀出来卖。黄油呢，都是一大块一大块的，放在注水的黄油罐里保持新鲜。而奶酪只有来自几个小地方的品种，像是格吕耶尔以及拉夫姆两个地方的奶酪，都放在一个很大的玻璃罩里出售。每个早上，农民们挑来还温热着的牛奶，放在有大开口的白膏土泥槽中，有客人过来买的时候就用一个金属勺子舀出来装到他们自带的奶罐或者壶子里。"在这个咖啡厅和杂货铺的结合体里，商品应有尽有，所有人都会来购物。我们甚至还能在这里举办一场关于葡萄酒的庆典。"

节日中的葡萄酒

自那场基督教的狂欢盛典"迦纳的婚礼"以来，我们还没看到有哪场庆典是没有葡萄酒的。葡萄酒造就了一场庆典，决定了一场庆典的质量。而庆典本身也必须以葡萄酒为前提。

一年当中，每次重大的农业活动（收割草料、收获粮食、打谷等）都会以一场大型庆祝活动来收尾。当然，在这些庆祝活动中排在第一位的便是葡萄的采收庆典。就像是勃艮第产区的葡萄酒庆典（La Paulee），每年采收的最后一天都会设一场盛宴，宴会上会宣告即将开始的酿造工作。人们会先在葡萄园的最后一行葡萄藤边上固定一根绑着葡萄叶和葡萄的长杆，然后会在歌舞声中送到压榨房去，有时候还会再送去几瓶葡萄酒和蛋糕。这场景是不是会让你想起那种巴克斯式的庆典呢？庆典上流传着一首著名的采收歌曲《勃艮第的欢乐孩童》，几个有名的演唱协会，如1907年成立的勃艮第音乐家协会或是勃艮第贵子协会（成立于

1921年）都会在这一时期不断地传唱这一歌曲。葡萄酒的味道体现了民俗、乡土风情和真心诚意。在20世纪，这些节庆让人们开始重新重视起葡萄酒给生活带来的意义。1923年，默尔索开始了第一场葡萄酒节。而到了1932年，朱尔·拉丰侯爵（Jules Lafon）创立了相关的文学奖。1933年8月12日—15日，第一场全国性的法国葡萄酒节在马贡地区举行，同时这一场葡萄酒节也揭幕了专为葡萄酒运输而兴建的车站。此外，勃艮第葡萄酒骑士襟章会还在1934年11月16日创立了巴斯克联盟。至于另外一项会在勃艮第每个村庄轮流举行的庆典活动"圣文森游行"，则是在1937年首次出现在香波－慕西尼村里。

　　乡村生活总是伴随着一年到头各样的庆典活动。像那些国家性的、宗教性的、祭神性的节日，每一场庆典活动都流淌着各式美酒，有名的如多菲内地区的集市（Vogue），还有维瓦赖地区的"复苏葡萄酒节"等。地域性的赶集日也总是与饮酒作乐的狂欢联系在一起：1880—1900年，在全法国，这样的赶集日活动翻了一倍。买卖的协定总是在碰杯中完成："干了它！这头猪就成交了！"在做成一单好买卖后，人们总是得赞美一下圣文森或者巴克斯，这时候喝点儿小酒也是大多数人所乐意的。

　　在其他更城镇化、更资产阶级化一点儿的地方，葡萄酒节的菜单则是一种各种菜式大杂烩的状态，通常都伴随着各类推荐的葡萄酒（反之亦然）。

　　20世纪上半叶葡萄酒节上的餐酒搭配

　　1. 1913年9月13日在波尔多市，由吉伦特省地方议会及商贸厅招待共和国总统雷蒙·普恩加莱的共和国宴席菜单如下：

前菜

大使禽肉酱　　　　　　赫雷斯白葡萄酒

梦格拉斯千层酥　　　　赫雷斯白葡萄酒

鱼类

鳟鱼配虾酱　　　　　　1900 年份滴金酒庄贵腐酒

涅瓦河鱼排　　　　　　1900 年份滴金酒庄贵腐酒

肉类

佛罗伦萨式烤乳鸭　　　1904 年份黑教皇堡

烤沙洛斯小珠鸡　　　　1904 年份黑教皇堡

鹌鹑葡萄肉冻　　　　　1904 年份欧颂堡，1900 年份拉菲古堡

沙拉 / 奶酪 / 甜品

高卢沙拉　　　　　　　1899 年份玛歌（1.5L）

帕马森干酪　　　　　　1890 年份拉图酒庄

总统雪糕香槟：玛姆、凯歌

甜品伯瑞·格雷诺香槟

2. 1934 年 4 月 22 日，勃艮第作家亨利·文森诺的复活节餐单

凉菜

大菱鲆肉酱　　　　　　1926 年份梅多克白葡萄酒

荷兰式沙拉

布雷斯鸡肉配新采收的芦笋	1927 年份勃艮第香牡 – 香贝丹红葡萄酒
奶酪	1927 年份勃艮第香牡 – 香贝丹红葡萄酒
甜品	1904 年份伊索园特级园葡萄酒

外交官雪糕苹果酒
水果小四样

3. 1924 年 9 月 6 日圣马丁（勃艮第）修道院节日餐单
150 席，宴席上表彰酒商皮埃尔·庞内所做出的贡献。

各类不同的冷菜

香贝丹式煮鳟鱼配 Nantua 小馅饼	1915 年份蒙哈榭
勃艮第红酒炖野兔肉	1915 年份庞内伯恩丘格雷夫一级园
卢库鲁斯夏洛莱牛心配青豆角	1915 年份庞内科通·国王园
笼养小山鹑	1911 年份庞内波内玛尔特特级园
波特酒煮高级鹅肝配帝皇米	1906 年份庞内大幕西尼园

水果、甜品勃艮第微气泡酒
消化酒勃艮第白兰地

家常的节庆通常也是大快朵颐的好机会。例如在婚礼之前，新婚夫妇根据传统都会喝一杯交杯酒来见证二人的结合。在步出教堂时或者是在婚宴结束时，夫妻会用同一个杯子喝一杯酒，以示"彼此的血脉互融"。新婚的夫妻二人在新婚之夜必须得喝下一杯由宾客们准备的，加了糖和香料的白葡萄酒。在索恩河地区，这一顿大餐可是十分丰盛的，一般得吃上 12 个小时，最长甚至可以吃 24 个小时！一般来说，婚宴上会陆续上 6 道必备的菜（鸡肉、鸭肉、野味和烤肉……），中间会上点儿解腻的"席间酒"。"一位酒农曾回忆道，婚礼上用架子撑起了一个 100 多升的酒桶，人们不断地从酒桶里倒酒来喝，很快就见底了。喝完了这一桶，主人很快又换上另一桶……这是挥霍的一天……我们很少有这样的能够敞开肚皮喝的美酒，这一天真是一场饕餮盛宴。"这样的习俗并不仅限于以葡萄酒生产为傲的地区。有文献记载，甚至是那些手工艺人，并不拥有葡萄园或者牲畜，也会同样地在孩子们的婚礼上大吃大喝，并跟农民换取各类的美食。

在新生儿的洗礼上，孩子的教父会用一个锡制或银制的酒杯，或者尝酒碟，为新生儿祝福。如果不在洗礼的当天进行这样的仪式，则会在孩子"两周岁"断奶期后准备一份小礼物。通常是个尝酒碟或是小酒杯，它们会伴随新生儿孩童时期成长的各个阶段（第一次穿上裤子、经历第一次庄严的领圣餐仪式等）。

> 管乐声中的洗礼 [1]
>
> 这是最好的时间
>
> 我们在草坪上享用晚餐

---

[1]　马夏尔之歌，1894 歌词：马夏尔音乐：路易·鲁斯特。

我们吃着鲲鱼

还有肥膘和豌豆；

喝着酸涩的葡萄酒

很快我们就微醺了

宴会就此结束

我指挥着队伍散场了。

　　在每场即兴的庆典活动里，跳一场法兰多拉舞（一种南法普罗旺斯地区的民俗舞）总是会有的。"我们是自由的，我们热爱这种欢愉，"作家莫里斯·热纳瓦回忆道，"我们热爱酒杯与酒杯的碰撞，来往的人流以及不断聚拢的人群。"他还温情地回忆起，"这些节庆是不可预料、自发地，这些庆典常常开启了一段相遇、一场一见钟情。庆典中一辆运输车送来一捆捆的木头，腌渍的猪肉，一筐樱桃还有一场丰收"。在关卡的另一边（入市税征收处），那些可供跳舞的小咖啡馆，人们还加入了爪哇舞以及小白舞。何不在周日的下午来一场陶醉呢？周日不喝醉的话看起来就是不正常的，不管怎样都是一种不好的例子。我父亲和爷爷常常在下午到公鹿咖啡馆玩牌，两人常常是喝得烂醉回来，有时候也会惹得一家人大为光火，被母亲和奶奶一顿唠叨和哀号。基本上，这也不像周日去做弥撒一样成为一种惯例不是吗？母亲一直会评论两人出去喝酒或者不去喝酒。对于父亲，她还说："他喝了酒，但毕竟他也不坏呀。"这一场景发生在 1930 年的旺代省丰特奈－勒孔特市。然而随后，劳工们陷入了困难的威胁中。

工作中的葡萄酒

在乡村地区，像"小费"（pourboire，原意为酒钱）还有"酬金"（pot-de-vin，原意为酒壶）常常还保留着它们的本意。这些用法源于佣人、木匠、石匠装修整理房子，或者季节工过来赶农活时所获得的，以一桶葡萄酒（或者是苹果酒）作为结算的报酬。像是诺曼底地区的"雇佣日"，主人会将发放给劳工的薪酬直接叫作"酒"（Vin）。通常用"酒"为单位结算工钱的人有马夫、仆人还有羊倌等，就像是卖一匹马（每头5法郎），一头牛（每头3法郎），一头羊（每头0.25法郎）以及一头猪（每头0.15法郎）的计价单位。

葡萄酒也是对劳动者的一种奖赏：农工们有时候也会收到一部分按葡萄酒来结算的工钱。朗格多克酒农工会在1919年时就公开倡导每天工作8小时的薪酬标准：男性，5法郎及3升酒；女性，3法郎及1升酒。而在港口工作的挑夫，因为流动性很大，在1947年前很少会被承认是种正当的职业，所以他们的薪酬就常常在酒馆里以一部分葡萄酒来结算了。

葡萄酒点缀了那些更为艺术性的生活。毫无疑问，葡萄酒在很长的一段时间里都是各种工作室的常客。艺术家和作家常常在他们工作的地方就有葡萄酒的身影：据说法国印象派画家古斯塔夫·卡耶博特在创作《地板刨工》这幅名作时手里就提着一升葡萄酒，另一印象派画家埃德加·德加在创作《洗衣妇》时也总不忘用葡萄酒来润口。就连矿工们在挖坑时，也会"带上一升酒"。对于其他工人来说则不会如此选择：葡萄酒对于部分人来说是职业所需，也是工作的环境条件之一。

同样地，葡萄酒能将不同职业的人联系起来。在左拉创作的小说

《小酒馆》（1876 年）中，他描述了两类劳动者：寡言少语而被称为"金口"，是一名对老板忠诚顺服的老实工人；而酗酒的工人"脏背"，则是对当时社会的映射。前者只喝很少量的酒，而后者就连最差劲的酒都喝得津津有味。然而，确实"脏背"娱乐了所有的人，让人们在喝酒之后畅所欲言。葡萄酒的流通点燃了劳动阶级的热情。

在路易大妈店里，当大家吮着猪蹄的小骨头时，又重新诅咒起那些老板来。"咸嘴"说厂里有了一批客户的紧急订货。瞧！那猴子一下子变得和善了许多，就是有人不听使唤，他仍显出客气的样子，因为有人回来干活，他就觉得很幸运了。再说，绝对可以放心没有一个老板会赶走"咸嘴"。因为，像他这样老道能干的熟手工人眼下再也找不到了。吃过猪蹄后，众人又吃了一盘炒鸡蛋。每人喝了一瓶酒，那是路易大妈从奥维尔涅弄来的，这种紫红色的酒味道十分浓烈。大家兴奋异常……①

在演艺行当中，葡萄酒也扮演着它的角色。法国木偶戏中，著名木偶形象吉尼奥尔的创造者洛朗·姆格（Laurent Mourguet）在 19 世纪创作的角色尼亚弗龙（Gnafron），在某种意义上它代表了葡萄酒的精神。尼亚弗龙的名字来自里昂地区的方言"gnafre"或"gniaf"，意思为"酒鬼"。它是吉尼奥尔的无声配角。在它的身上集合了傲慢以及对公权力的厌恶。它常常调笑吉尼奥尔，让它喝下一杯博若莱酒。而尼亚弗龙最喜欢的一句骂人的台词是："以百壶的名义（诅咒你）！"所谓的百壶指

① 埃米尔·左拉，《小酒馆》，巴黎，让·德·班诺书局，1981，第八章，p. 276。

的就是一种能装下 100 壶酒的木桶。博若莱市甚至还为这样一个角色赋予了真实的形象：让尼亚弗龙在酒窖中碾压葡萄。这一形象在 1931 年 7月 14 日揭幕。另一个同样为大众所知的"酒囊"，是出名为"醉酒水手"的木偶剧。这一木偶剧在 20 世纪早期以小人国嘉年华剧场的形式演出，共分三个场景段，以"放荡不羁"为宗旨并遵循严格的演出规则：这一角色出场的时候是摇摇晃晃的，他一开始就掀起了外衣，然后任由他的酒瓶掉落在地上，然后他也掉在地上，并继续脱身上的衣服。这时候一个小丑木偶角色，还有一个警察过来阻止，并将它推到其他地方。虽然警察对他使用了武力，但其实他并没有恶意。

其实这些话剧中所出现的角色，代表着各阶级之间的对抗。我们明白，为什么老板会站在酗酒工人的对立面：要寻找这一社会问题的解决方法，还是要回到酒精饮品中。卫生学家们在整个 19 世纪中研究了酗酒这一社会问题："在道德层面上，工人阶级的道德水平完全没有改变。过度的饮酒始终是问题的关键所在。尽管他们生存所需的物品物价一直飞涨，但对于那悲惨的爱好他们依然毫无节制，也是从这时候开始引发了许多关于居民家庭生活的讨论，而社会秩序和经济的崩坏给这些家庭带来了悲惨的生活。随着 1872 年法国戒酒协会的成立，各个企业增强了自身的监管，来防止因酗酒的员工而产生的严厉惩罚。"

在资产阶级可以享受品鉴葡萄酒时光的同时，工人阶级却在吞咽苦涩的酒液。两个阶级的人都选择了彼此对立的代言人。文献里记载了 20 世纪初期那场大罢工，描绘了工人总工会（CGT, Confédération générale des travailleurs）和企业主总工会（CGP, Confédération générale du patronat）之间的对立：CGT 的电影宣传片里描述了一个好色的老板，正在"喝着香槟，调戏妓女"；在 CGP 的电影宣传片里演绎了工人们欢乐地光顾酒吧和小酒馆，并常常喝醉，把老板气得要死。

　　但葡萄酒同时也是生活的一部分。像很多医学专家会建议，常常饮用葡萄酒来对抗酗酒的问题。

对抗酗酒问题的葡萄酒

　　"葡萄酒是可以被原谅的，因为它为工人们提供了营养；而相反的，酒精是污秽的，它是一种毒药，让工人阶级远离了面包的芳香。"电影《小酒馆》中认为，葡萄酒是极致的善，而烈酒则是让人无法忍受的，这和医学专家们对酗酒问题的看法一致。

　　医学专家们对经常饮用葡萄酒的医疗价值投入了莫大的关注。一些医生会建议饮用红葡萄酒，特别是波尔多的葡萄酒，因为这样的葡萄酒有所谓的"净化血液"的作用。医生们也将塞雷斯雪莉酒（17 度~18度），还有马德拉酒（18 度~23 度）加入处方中，来"让康复中的病人保持良好的胃口"。有两位美国医生，亚特瓦特和本尼迪克特，重点指出了葡萄酒的营养价值。此外，巴斯德研究所的主管伊密·杜克劳斯博士更是葡萄酒饮食的倡导者。

　　更进一步地，医学上建议饮用那些好酒，而反对饮用那些通过蒸馏得到的劣质酒。1870 年，著名的精神病学专家吕尼耶医生总结出了一套饮酒治疗的理论。在法国地图上，南部出产的优质葡萄酒可以防止北部产的劣质酒精所带来的影响。医生们对饮酒的方式甚至也提出了要求："葡萄酒酒徒们寻找着属于自己的群体，他们可以对自己所饮用的酒展开自由的讨论和交流，然而烈酒的饮用者们却显得更为孤单——他们认为，在每天的消费预算里，满足自己的胃口是最重要的。如果是自己喝的话，他们可以连续喝四杯酒，而不说一句话。但如果是跟同事喝，肯定就只喝两杯，毕竟饮酒时候的交流是最重要的，而这也是向别人展示自己良好生活方式的方法之一。"

从中世纪开始，葡萄酒就被认为是一种极好的药物，而现在科学家们通过实验的方式验证了这一点："葡萄酒是所有饮料里最健康最卫生的"，路易·巴斯德通过在阿尔布瓦研究所里的实验中得到了这样的验证。他的实验室从 1872 年开始就归属于法国戒酒协会（SFT, Société française de tempérance）。从那时候开始，保卫公众健康的任务，就落到了葡萄酒身上。学会代表了法国医学院的声音，它向公众发布了清晰的戒酒策略：我们只对劣质的酒精，以及不可计数的劣质酒精饮料发起战争，我们要抵抗那些危险的仿冒产品，去保卫那些品质优良的葡萄酒、啤酒和苹果酒。这一国家层面上的观点，到 20 世纪的末期有了后续：我们的社会从来没有面临过像英国或者美国社会那样的严峻情况，我们从来没有过那些真正意义上的"节制饮食的人"（teetotaler）。甚至那些我们一直劝说的酒鬼，也并没有反对其饮酒行为。他们的观点也是理性的："酒精以及那些人造的烈酒是危害公众健康的，但同样地天然的饮品却是对健康有益的。"

即使再谨慎的观点也只是被粗略带过。塞纳市政厅以及公众助理总局部长若敢于提出"卫生的饮品不应该包含酒精类饮料"，以及"那些每天少量饮用葡萄酒、苹果酒以及啤酒的人，当然跟那些喝白兰地的人同样被认为是酗酒者"这样的观点，他们立刻就会被葡萄酒酒商公会还有巴黎的酒类饮品贩卖者告上法庭，"这样令人吃惊的观点根本就没有考虑酒精的摄入量"。

法国戒酒协会在 1905 年重组为法国国家反酗酒组织（LNCA）。这个理念从来没有改变，而且新加入的数据捍卫了他们的观点：在 1881—1909 年，波尔多的白兰地消费急剧下降，与此同时，葡萄酒的消费持续增长……葡萄酒和烈酒的消费就像天平的两端，一头降下去，另一头就升起来了。这种葡萄酒和烈酒之间的负关联并非新鲜事。在某种意义上，葡萄酒和烈酒就像对手一样，一方必须得踩着另一方的脑袋往上爬。而葡萄酒就是烈酒的敌人。"而最终，葡萄酒获得了医学上的背书"，人体组织不能承受大量酒精的摄入，一天的合理饮用量应该在一升左右。这是我们接受的人体能够保持健康，每天应该摄入的量，甚至这个摄入量已经考虑了在盛大庆典中可能会摄入过多的酒精。

当公共建设部决定向学校传达反对酗酒的课程时，健康卫生的观念已经先一步传递给了孩子们。当人们第一次对饮食观念进行思考时，学校的课本里依然坚持着"葡萄酒是无害的。它能够代替饮食中一部分的碳水化合物和脂肪，它还能起到让人开心的积极作用"。从治疗结核病的先锋人物，伟大的学者路易·朗杜齐（Louis Landouzy）的言论中可以得出："只有在学院层面，学者们才能够站在公众意见的前面，科学地讨论这个问题。这种学术思考的氛围是法国对抗酗酒问题中最有力的武器。在这一层面上，学术界找到了保卫国家的新途径。"

"一战"过后人们在波尔多组建了一个更为稳固的组织……法国葡萄酒之友医生社团："很有必要通过实验还有临床的观察，告诉医学界和公众，葡萄酒在日常饮食以及人类健康的层面上，应该占有何种地位。此外，还要告诉人们，当葡萄酒应用在治疗病人的时候应该留意的指标和禁忌。这样的研究应该要远离所有的经济因素干预，在纯粹的科学研究的环境下，在医学研究人员之间展开讨论。这就是为什么我们会聚在洛桑这个地方。"在这个协会以及其创始人道格先生的呼吁下,"'葡萄酒疗法'这一医学科目得以在两次世界大战间葡萄酒过量生产的危机下设立"。

法国政府在法国南部葡萄酒组织还有法国葡萄酒之友医生社团的支持下,于 1930 年成立了优质葡萄酒推广协会。蒙彼利埃医学院的维赫教授(Vires)提道:"不管是对于健康人还是病人,我们都希望葡萄酒可以作为一种食品,拥有它应有的地位,并成为一种国家性的饮品,因为今天它已经是全法国被普遍认可的饮品,但另一方面,酗酒已经被认为是一种错误的生活方式并被人们所唾弃。"

为了抵制酗酒,增加葡萄酒的消费,人们需要去推广更好的葡萄酒。有一个组织向成年的公众发放了 20 万份宣传册,里面提到"医学院帮助葡萄酒重新获得了尊重"。简而言之,科学服务了葡萄种植业。医学课本每次重版都传递了这样的信息。第一部有关葡萄酒的教学电影将天然的葡萄酒与传统的壁画相提并论。对学生来说,这是一个非常好的观点。它并没有提到那些关于葡萄酒在食物方面的价值,但它提倡以巴斯德的古典饮食方式来饮用葡萄酒。

学校派发的宣传单

20 世纪 30 年代

No.1 反面:"葡萄酒是所有饮品中最健康、最卫生的。"(路易·巴斯德)

正面:"葡萄酒的食物价值:1 升 10 度的葡萄酒等同于 900 克的牛奶,370 克的面包,585 克的肉,五个鸡蛋。"

No.2 反面:"葡萄酒是所有饮料里面最健康、最卫生的。"(路

易·巴斯德）

正面："一升7度左右清淡的葡萄酒，可以提供相当于200克的面包，122克的糖，145克的米，还有700克的牛奶同等的卡路里。"

No.3 反面："葡萄酒是所有饮料里面最健康、最卫生的。"（路易·巴斯德）

正面："一升12度左右的葡萄酒等同于850克的牛奶，370克的面包，585克的肉，五个鸡蛋。"

上面还有一幅图，描绘一升葡萄酒与日常食物成分比较的情况。

让人开胃的葡萄酒

葡萄酒有营养，这是理所当然的。而更重要的是，它能够让人胃口大开（apétit）：拉丁词"aperire"的本意就是打开。所以"开胃"这一词在13世纪进入医学语言中，指的是那些能够打开消化系统的药剂。在讲究调理和平衡人体内体液的医学体系里，所有利尿和促进排便作用的药剂都很受欢迎。在这个前提下，卢梭写下了"牛奶也得是让人开胃的"这样的句子。而"开胃"这一词的名词形式进入到《百科全书》，以及狄德罗和达朗贝尔所著的《科学、艺术及工艺大辞典》中，是用来命名一种"能够打开毛孔的"药物。然后在19世纪的上半叶这一古老的意义就消失了。而现在它的意义仅限于"促进和打开胃口"。

因此能开胃的酒精饮料搭上了医学这一条线。这与早期医生们会建议病人在就餐前饮用一些药剂来开胃这一习惯有关。第二帝国时期，很多医生也认为，要让一个人恢复活力，必须在用餐之前饮用一些浸泡了金鸡纳树皮的酒精饮料来减轻"虚弱"的症状。勒蒂勒医生竭力推荐"在就餐之前，空腹咽下"。葡萄酒的广告推广也得益于这种医学上的重视。1934 年，瑞士的酒精饮料品牌苏兹（Suze）打出了"肠胃之友"的广告语，并且提到"这种酒能够打开人的胃口，并且能够预防肥胖"。

葡萄酒也并不总是只有"天然"的喝法，很多时候人们会在里面加入不同的成分：在许多医生或者江湖骗子的建议下，人们用植物泡了很多药用酒。1893 年的医药总索引中就有 100 多款这样的药酒。

卖得最好的是泡了金鸡纳的葡萄酒。19 世纪的上半叶，最早一批提出"用金鸡纳树皮浸泡，卫生又滋补"的葡萄酒出现在蒙彼利埃的药房里。相传 1830 年，朱佩医生得到了大天使长拉菲尔的庇护，而将金鸡纳树皮和南法的葡萄酒混合起来制作了这样一款开胃酒；后来这款酒被称为"圣拉菲尔"。很快，南部地区的人们爱上了这样一种开胃酒：路易 - 拿破仑·马太（Louis-Napoléon Mattei）在 1872 年用科西嘉岛葡萄酒酿造了一款金鸡纳葡萄酒；东比利牛斯山脉地区的议员，曾参与协助法国外交家费迪南·德·莱赛普（Ferdinand de Lesseps）和开通苏伊士运河的埃德蒙·巴蒂索尔（Edmond Bartissol, 1841—1916）在 1904 年于巴纽尔斯成立了自己的公司，用来出售那些用加泰罗尼亚地区的葡萄酒制作的开胃酒。1846 年，化学家杜本内在他位于巴黎的实验室成功发明了一种可以用于对抗疟疾的酒，那些被派往阿尔及利亚殖民地的军队因而得以被拯救。

在所有的金鸡纳葡萄酒中卖得最好的是比赫（Byrrh）金鸡纳酒。1866 年，织布工人出身的西蒙·瓦奥莱特（Simon Violet）在东比利牛斯山脉地区的蒂尔市成立了他的酿造公司。他从马拉瓜地区进口的多种香气馥郁的植物，并将它们跟鲁西荣地区几个优质产区的葡萄酒混合起来。他在咖啡馆和车站投放了很多醒目的广告，广告内容主要是宣传这种酒的开胃作用，很快地就赢得了巨大的名声。他的儿子朗贝尔·维奥莱（Lambert Violet）从1891年开始接替他的位置，并停止了扩建厂房的工程（6.5万平方米）：这是当时世界上最大的酒类建筑工程，这项工程由古斯塔夫·埃菲尔负责，这个厂房可以直接连接到铁路网上。这种"温和的金鸡纳酒"不断重复地出现在墙壁，有轨电车甚至是广告性质的明信片上。从20世纪30年代开始，比赫金鸡纳酒的年销量达到了3 200万到3 500万瓶。

在金鸡纳酒的引领下，那些有医疗作用的酒都在市场上取得了可喜的成功，特别是对女性来说更是如此。这些酒通常会宣传自己有恢复身体的滋补作用，有助于消化，还有营养价值："好的胃口，快乐的力量：每天，喝一杯比赫金鸡纳酒。"这一广告词在很长的一段时间里面被反复使用。除了烈酒和金鸡纳酒，有一些产品甚至包含乳磷酸钙、鳕鱼肝油、肉汁和可可等。它们的名字包括金鸡纳拉罗绮（Quina Laroche，1879），布拉维酒（vin Bravais，1891），波尔多药酒（1908）等。在报纸上，那些小广告吹嘘着这样的酒有医疗作用：像所谓的阿鲁酒（Aroud）就号称"在所有补铁的药剂里面最能够对抗脸色萎黄，无精打采以及贫血，因为它含有多种让血液，骨头和肌肉再生的元素"；而圣拉菲尔酒则被宣传为："一种可以强化身体，促进消化，滋补、恢复身体的酒，而且味道也很不错，对于体弱多病的人来说，它比所有的补铁剂和金鸡纳酒都有用。"

在所有宣传有保健作用的酒中，不管是真实的还是吹嘘的，在"一战"之前最有名的品牌是马里亚尼酒。这种酒是通过浸泡古柯叶而得到的。在科学家们发现了可卡因（古柯叶的生物碱）之后，科西嘉人安杰罗·马里亚尼（1838—1914）很快地意识到它的商用价值。1890年，马里亚尼甚至在巴黎的出版刊物上发表了名为"古柯以及它的治疗作用"

的论文。化学家们成功地在市面上推出了以其命名的马里亚尼糖片（含有古柯成分的糖片）、马里亚尼软糖（含有几毫克可卡因成分的明胶糖果）和马里亚尼茶（古柯叶茶）。然而这些产品中最主要的还是马里亚尼酒。这种酒以波尔多葡萄酒为基酒，里面加入了古柯叶还有其他的植物和水果，其中就有可乐果树的果核。1863 年，这种产品开始在法国商业化。马里亚尼不仅是一个天才的发明家，他还懂得如何制作有传播力的广告：免费给一些名人寄送一箱箱他的酒，这些名人当然会回信感谢他。这样一来，他便获得了有分量的名人背书——"我向您致以千万般的感谢，亲爱的马里亚尼先生，这年轻的酒真能让人恢复活力呀，那些卖力干活儿的人喝了它能保持体力，而那些精疲力竭的人喝了它还能恢复体力"，1895 年埃米尔·左拉这样回复道。而在 1898 年，法国小说家莱昂·布洛伊在回信中说道："亲爱的先生，上一次收到您寄过来的酒对我的睡眠有很大的帮助，现在我恳求您再寄一箱新酒过来。"此外，马里亚尼还出版了一本叫《马里亚尼珍藏》的自传体作品。在这本书中他通过一些小故事描述了这种酒在当时是如何激发那些最著名作家们（如法兰西学院的儒勒·加候及，弗雷德里克·米斯特拉尔等）的灵感的，以及帮助那些著名画家（如阿尔伯特·罗比达，路易·莫林等）创作出伟大的画作。

这些开胃酒，通过洗脑式的广告宣传，离开了法国药店的柜台走向了全球的零售渠道。圣拉斐尔酒在 1900 年的巴黎世博会上开始了它的全球化进程，当时著名飞行员莱昂·韦尔（Léon Vair）驾驶着达 3 600 立方米的热气球升空，将圣拉菲尔酒的广告传遍了世博会。它的宣传语"最强的汤力酒"就挂在热气球上。而马里亚尼酒的广告语"最好的滋补和养生酒"也让它得以征服欧洲市场，并在美国内战之后占领了北美市场。法国雕塑家布瓦索创作了一个裸体的婴儿手中捧着被马里亚尼酒标志性的红绶带绑着的乳头，下面还有雕塑家大胆的肯定："这就是最好的婴儿奶瓶"。在美国，它的广告语则是"这就是最好的奶瓶！"

1934 年著名作家阿尔芒·萨拉克鲁（Armand Salacrou）的父亲在勒阿弗尔的弗里留区推出了一款名为"弗里留"的酒，这酒声称是"所有加强酒里面最强的酒"。其原料来自马达加斯加的紫玉盘果，它富含铁、硫、镁还有锰元素，此外还简单的加入了一些橘子皮，让它富含的维生素 C（那时候这种物质才刚刚被发现）。而它的广告语："自己在 1 升的葡萄酒里面加入弗里留酒，就能让它变成一瓶充满活力的酒。"

其实大多数这样的药酒质量都很差。只有波尔多的利莱公司选择用有原产地认证的葡萄酒（两海之间，格拉芙）来制作它的产品金纳利：每一瓶酒上甚至都标注了年份。"我们绝对不是最贵的开胃酒，但你要说服自己一件事：考虑一下我们产品的来源，不要将我们的产品和那些粗制滥造的产品相提并论；陈酿对于那些只用几个月就制作好的酒来说毫无意义。我们做的是一种奢侈品。"

开胃酒之间的竞争，火药味变得越来越浓。在美好时代，市面上可以见到数量众多的利口酒，这种酒是通过所谓的"改性"工艺实现，即在葡萄酒发酵的过程中通过加入烈酒使得发酵终止 [①]。利口酒有着众多的产地，像是国外的波特酒，马德拉酒，马拉瓜酒，萨默斯麝香酒以及加泰罗尼亚地区的巴纽尔斯酒（Banyuls），韦萨尔特酒（rivesaltes）等，又或者是来自朗格多克地区的弗龙提尼昂（Frontignan）、米勒瓦（Mireval）、吕内勒（Lunel）、圣－让－德－米内尔瓦（Saint-Jean-de-Minervois）的麝香酒等；甚至是罗纳河谷山丘的博姆－德沃尼斯

---

① 以保留糖分。——译者注

（Beaumes-de-Venise）麝香酒。在"一战"之后，苦艾酒掉下了神坛，只有少数几家公司还在生产茴香酒（1932年，力加公司）。与此同时其他的公司像库舍涅（Cusenier）已经将目光转向了葡萄酒：1936年，他们在葡萄酒面加入了香料还有苦橘。推出了"大使"酒（Ambassadeur）这一产品。

从这一刻开始，"来一点儿开胃酒"成了"出去喝一杯"的婉转说法。这个词语的隐喻中包含了喝酒的地点、时间和姿势。后来这种表达还衍生出了法国人更常说的："来点儿开胃的"（prendre l'apéro）。这种活动后来变得更加仪式化了。

之所以称为仪式性的活动，是因为这种聚集饮酒者的仪式有着一系列的礼仪。这些仪式来自古代一些祭奠活动。献酒的人，会手拿着酒举起手臂来"碰杯"——"碰杯"这个词，是拉伯雷于1546年写成的第三本书中首次提到的。这时候就可以喝点开胃酒助兴了。而当情意渐浓的时候，就可以开始祝酒的仪式了，这时候可以给不在场的人说一句"祝健康"，然后给在场的人说一声"干杯"。

所谓的仪式，从形式上来说是有着周期性、共同性的活动，参与其中的酒类饮品也是神圣的。就像每天喝酒的时候，我们并不会像出去应酬一样喝一杯开胃酒，而且我们会发现两种场合下喝的酒味道都不一样。"那两位年轻人坐在街边的那家咖啡厅里，喝着一杯混合了水的酒。这样一杯开胃酒，看起来就像一盒水彩笔一样色彩分明。"这样的开胃酒，喝起来会是无滋无味的吗？这倒不一定。法国小说家及艺术评论家于斯曼（Huysmans）觉得这样的酒是"十分下流的"："那些苦艾酒散发着铜臭；那些味美思闻起来就像腐败的白葡萄酒；马拉瓜酒就像是在葡萄酒里面加入了梅子酱；那些苦酒更是廉价的草药牙膏水。"

引领生活的葡萄酒

每次当人们

在市政厅里举行舞会

我们在享用偶尔相互举杯致意

这里有不止一位市政官员

当人们还没有醉意

酒会的气氛依然愉悦

我们声嘶力竭地歌唱

并数着拍子跳着热舞

市政警卫之歌，1892

　　歌词：吕西安·德洛梅尔（Lucien Delormel）及莱昂·加尔捷

（Léon Galtier）

　　配乐：保罗·库尔图瓦（Paul Courtois）

　　曲目：保卢斯（Paulus），德洛梅尔，福田（Fortin）

我们看到站成一排的

小学生，中学生

还有法学院的大学生

还有音乐学院的女孩子们

他们都是我们未来的荣耀啊

周围都是喧嚣的声音

唱起那些饮酒的歌曲

还有那些高卢的老调

踏啦啦踏啦啦⋯⋯

歌名：学校的单项式，1894

歌词：保罗·布里奥莱（Paul Briollet）及费利克斯·莫特勒伊

（Félix Mortreuil）

音乐：贝尔纳·霍利泽（Bernard Holtzer）

市政府的雇员、学生、工人、警察，甚至包括女招待，都被收录在
那首在1880—1930年创作的名为《现实主义者》的歌曲中。这首歌讲
述了不同的饮酒场合以及各类饮酒的人的故事。在这首歌中，行色匆匆
的人们在结束用餐之后，跟随着下班的工人一起到咖啡馆里放松自我。
这首歌代表了那个引人思考的时代的真实情况。而不论时代如何变迁，
葡萄酒却一直存在着。我们歌唱幸福与不幸的爱情，歌唱那些浓妆艳抹
或是不施粉黛的女士。而至于葡萄酒，歌声中诉说着往事："你们都听
过拉芳舍特这首歌⋯⋯倒满杯子畅饮，坐在在杜瓦讷内和雷东两人之
间，我们一起干杯吧。"

我们不是说葡萄酒在发酵的时候像是在唱歌一样吗？葡萄酒也同样
引起人们放声高歌的欲望。像是那些在咖啡厅里举行的音乐会上，三教
九流的人都有，游手好闲的人和中产阶级人士"一起堕落"。诺贝尔文
学奖得主阿纳托尔·法朗士（Anatole France）将这里描述成"下班的店

铺伙计、律师事务所职员或是政府雇员沉浸在快感中的地方"。自由之风吹起，并"宽衣解带"，打破了那些沉闷的道德准则。做派稳重的人们说话声音自然就小，而当人们恣意享乐，言语就变得轻佻。买醉、淫秽、喧嚣、双关语还有找乐子通常都在正规场合被禁止。最早一批道德家们都在谴责这种"咖啡厅音乐会"的风潮："这些喝酒的人都醉得不省人事了，我们怎么还能去尊重他们。到了某种程度，我们什么都不知道了。结了婚的妇女，年轻的女孩，信教的父母还有道德家们在破口大骂，我曾说过，他们简直在唾弃一切。"然而这种对陈旧道德规则的违抗却是有益于人们的团结：社会阶级之间的对立已经过去，社会的现状回归到了一种狂欢性的氛围中（如推举"饮酒之王"）。这种转移意味深长，人们梦想中的团结在这些陈旧的习俗中成长起来。饮酒作乐的歌曲以及写给酒鬼们的歌曲在永不停止的饮酒消费中变得深入民心，拥有着喜剧一般的力量：那些在大宗消费中产生的歌曲，给了那些曾经不被待见的酒鬼们社会地位。

只有在醉过之后，你才能够真实地接触到那些酗酒之人的底层生活究竟是什么样。醉酒，标志着对社会道德的挑战。但醉酒的行为本身也让人真正地走进社会，每个人都想要体会第一次醉酒，因为这能让你感觉到自己长大了："我只喝醉过一次，忘了是在我 14 岁还是 15 岁的时候，那时候我和其他那些采收工人正准备灌醉那个暴发户老板的儿子。首先是在那场晚餐里，我们喝的酒真是太好喝了，感觉喝了之后一天的劳累都消除了。晚餐之后，我们喝着酒彻底地放松下来。大家都沉浸在一种十分美妙的氛围中。"

如今，酒鬼们都在以一种热情、享受生活的面貌进入到社会大众的眼里。在有名的希波吕忒咖啡馆（Hippolyte）里，大家常常看到，酒鬼们都成了特别受欢迎的角色，他们热情，又特别能融入人群中。希波吕忒咖啡馆的风格参照了史提芬诺瓦酒窖，又带有瑟纳克拉文学团的调性以及19世纪末那种巴克斯式的狂欢氛围。这里诞生了下面这样的诗歌：

第一杯酒拉近彼此距离

第二杯酒触动彼此心弦

快乐来到时，已经喝下第三杯酒

再喝下去，三杯酒之后

我们开始放纵

不再管第四杯酒是如何喝下去的

这就是新酒呀！

尽情玩乐吧，孩子们！再往酒里兑点水！

那些劝人喝酒的歌曲，常常来自中世纪那些迷幻故事（圣·伯尔纳定神父，芳颂还有圆桌武士等），给这些晚会添加了一抹靡靡之音。那些酒品好的酒鬼，除了自己喝得兴起，也懂得如何逗乐别人，在晚会中有着很高的地位。1831年，香槟人亨利·帕里（Henry Pary）创作了一曲《勃艮第葡萄酒》，后来以《勃艮第的快乐孩子》的名义成了那个世纪的流行歌曲。

排排坐在葡萄架下，

快乐得像国王一样，

我的酒瓶总是，

在我的身侧，

我从来都没有糊涂过，

因为每个清晨，

我都会洗把脸，

用的是杯中的葡萄酒。

1886 年，迷离顿夜总会（Mirliton）的驻唱歌手阿里斯蒂德·布留安（Aristide Bruant）所唱的《从葡萄到葡萄酒》经久不衰的劝酒歌，每当唱起这首歌总会让人无节制地疯狂畅饮——喝酒，喝酒，喝酒；就是要喝酒；疯狂地跳起爪哇舞步；我已经喝醉。

在这些劝酒的歌曲中，我们可以环游全世界。"马德拉和香槟快靠近一点，而你，西班牙的葡萄酒尽管有点火烧味，酒鬼们的琼浆要求有自己应得的权利，在勃艮第葡萄酒之前，你得致敬三次。"俄国沙皇的皇后曾回忆起，早在与法国建立起亲密关系前，圣彼得堡的皇庭已经在畅饮香槟了。这一故事还被马里厄斯·理查德（Marius Richard）写进歌曲里，并在 1891 年于巴黎的演唱厅中表演：

从西班牙到英国，

一段又一段的旅程里面，我喝着不同的酒，

红色的葡萄酒，棕色的啤酒，

还有宿醉，以及爱情！

我看见了美丽的女神

在那充满阳光的国度里，

向我张开了她纤细的双手

真是无与伦比的甘露啊！

不管怎样我留下了回忆

在这个充满勇气的国度，

神圣的俄国！那里有着法国最古老的葡萄酒，

扬起金色的泡沫

不妨再来一杯。

　　然而，这些劝酒的歌曲并不都是带有和平意义的。甚至在战争爆发之前，这些劝酒的歌曲还被赋予了爱国和鼓动战争的意义。在这曲子唱起来的时候，纳粹元帅贝伦杰（Bérenger）已经泄气地将德军撤出了法国："德国的酒客，你们最终什么时候离开？你们有这样的打算吗？要喝光我们的酒？"1888 年，广受爱戴的战争部部长布朗热将军（Boulanger）宣告发起反击。法国音乐家让 - 乔治·保卢斯（Jean-Georges Paulus）谱写了一曲战争的歌曲——《胜利之父》，先是在黄金国酒馆，然后在新落成的埃菲尔铁塔上举行的法国大革命百年纪念典礼上演唱。这首歌，被认为是另一首名曲《阅兵式回归》的后续作品。

我们将它昵称为胜利之父

在酒馆之外我们听到他在倾诉

然而有一天他看到了步兵们列队而过

他兴高采烈地说着话并拿酒给我们喝

啊！喝一杯吧，年轻的战士们

胜利之父的葡萄酒啊

像闪烁的红宝石

无与伦比的琼浆

他填满了那颗勇敢的心

这是充满希望的酒

喝一杯吧，孩子们

这是一杯历经百年的葡萄酒

当我看到我的士兵们

在脑海里面闪过快乐的歌曲

啊！

我说，操起正步

像以往法国一直在准备

像往昔一样

士兵们，我所重新看到的

卡诺宣布了战争的胜利

向着荣耀走去

我亲爱的孩子们

重新回归胜利吧。

　　甚至比起喝酒，歌者的流行艺术更能让人与人之间的交往变得融洽和舒适，就像那句谚语所说的："微醺在两杯之间（être entre deux vins）。"那些"热爱葡萄酒的人"，也从一个纯粹的饮酒者，变成了歌唱家。"对葡萄酒的崇拜"一直被人们所追捧。法国作家雷诺·法雷在他的作品《来自上帝的偷猎者》中，通过主要角色——耶稣之口来解释这一点："留着它吧，乔治亚。因为在福音书里没有用的东西是不会记下来的。然而这真的没有意义，将水变为葡萄酒。不要喝那些劣质的酒，是葡萄，乔治亚，是葡萄，里面只能有这个，葡萄酒只能用这个来做。而所有其他的只不过是饮料，还有它的同伴们。"在歌乐声中，在仪式里，在生活的韵律里面，从此葡萄酒引领了生活。

第八章
葡萄酒与战争

　　在战争期间，葡萄酒选择了它的阵营：总是与胜利者为伍。1914—1918 年，葡萄酒满足了法国士兵们的肠胃；1940—1944 年，它撑起了对抗德国军队的战争。总而言之，葡萄酒所能给予人们的不仅仅是口腹之欲，还能鼓舞战士们的斗志。

第一次世界大战中的一员

"我们将会在采摘葡萄的时候回来。"1914年8月1日，那些被派往战场的士兵曾这样说。然而他们中的很多人再也没法看到1919年9月胜利的来临。这场战争之所以被称为"世界大战"，是因为它持续了很长时间。而葡萄酒，也成了战争中服役的一员。

从1914年8月起，法国南部的酒农给马恩河谷的胜利者们提供了2 000万升的葡萄酒。朗格多克人路易·布思齐（Louis Bousquet）所创作的歌曲《马德隆》（La Madelon）伴随着这些酒在军队里被传唱。1914年之前，就像战时的和平并不常在一样，葡萄酒在军队里面也并不常见。军队的内务手册中还提到："水是士兵们日常的饮料。"从1914年10月开始，军队的后勤部门在军队的日常补给里面加入了葡萄酒：这就是著名的"一角子"的葡萄酒补给，每天士兵们可以得到250毫升低度（9度）的红葡萄酒，这葡萄酒里混合了马贡、博若莱、夏朗特等产区所出产的味道相对轻盈的葡萄酒，以及产自朗格多克或是马格里布的浓郁葡萄酒。1916年1月，议会将葡萄酒的配给量翻倍，并在1918年1月达到了750毫升。可以计算出，军队在1916年订购了6亿升葡萄酒，而到了1917年这一数字达到了12亿升。

第一次世界大战可以分为三个阶段：1914年8月到11月的第一场运动；从1914年12月到1918年2月进入了战争稳定期；然后在1918年3月到11月掀起了一场新的运动。为了将补给运输到前线，逐渐形成了一个结构复杂的组织。每年一部分采收的葡萄酒，在1918年甚至达到了1/3的量被征收，以满足军队的需求。那些被征收的葡萄酒最初就存放在酒农的家里，他们每个月可以收到每百升20法郎的补助。随后这些葡萄酒被直接运输到区域性的大型仓库贝济耶、吕内勒、塞特港、卡尔卡松、波尔多，然后通过运载量达40万升的酒罐列车将其运输到前线的后方，再分装成小桶通过卡车运输到军队中去。在最好的情况下，这些酒能够由炊事班分发到躲在前线战壕中的士兵手上。所有的法国士兵都能够享受这样的待遇，甚至包括那些在远方作战的军队（刚果、苏丹、马达加斯加、中印地区，还有在巴尔干半岛上作战的东方部队）。

于是，葡萄酒成了军队中所谓的"皮纳尔酒"（Pinard），被所有人喜爱。这个词的来源无法考究，有可能出自霞飞元帅（Maréchal Joffre）之口。霞飞元帅是韦萨尔特的一名制桶工人的儿子。在1914年马恩河战役中取胜之后，他成了真正的"胜利之父"，并就任元帅一职。但"皮纳尔酒"这个词直到1935年才被收录进法国文学院的词典中。皮纳尔酒这个词是否源自希腊语pino，意思为"我喝"？又或者是来自于那位18世纪十分有名的勃艮第人物，让·皮纳尔？不过至少看起来，它跟20世纪初的皮纳尔将军没有什么关系。法兰西学院院士让·黎施潘（Jean Richepin）则认为这个词来自那些属于"皮诺"系的葡萄品种，像勃艮第的黑皮诺，图尔地区的白皮诺。19世纪末期这些词语成为巴黎酒馆里面的黑话，变得通用度很高，十分流行。同一时期，"皮纳尔酒"还有着另外一位强大的对手，一种被法国士兵们称为"皮卡拉特酒"的葡萄酒。所谓的"皮卡拉特酒"，来源可能是它跟炮火所释放出的苦味和刺鼻的酸蒸汽跟这酒的味道很像。此外，还有许多来自19世纪的词汇被重新用来描述那些出现在军队里的厚重红葡萄酒，像是什么"蓝酒""暴酒""皮克顿酒"等。于是，葡萄酒在战场上流行的黑话里面占据了特别的位置。另一个证据来自法国超现实主义先驱诗人，第38

军团诗人纪尧姆·阿波利奈尔。当时那些炮兵会将炮弹的口径和葡萄酒杯联系起来：像 75 口径的炮弹，是"一炮"；105 口径的炮弹，是"灌酒"；120 口径的短身炮弹，是一升纯葡萄酒；120 口径的长身炮弹，则同样是一升的兑水葡萄酒。当面对德国军队的时候，可就得清空他们的"凡尔登炮火"① 了。

　　葡萄酒是军队最好的强心剂，它将保家卫国的精神根植在每一条战壕之上。1915 年 2 月，第 71 国土陆军军团的战士诗人马克·勒克莱尔所写的《皮纳尔酒的颂歌》中有这样一句："这些国家将存活在你的身上。"这句其实象征了拉丁文明在面对日耳曼野蛮人入侵时的愁思。1915 年 8 月，纪尧姆·阿波利奈尔写下了"像你一样，我也在寻求安慰，一角子的皮纳尔酒，将我们和德国鬼子区别开来"这样的句子。第二年他因为头部受重伤而退役。法国诗人，小说、戏剧作家让·黎施潘更是直率地补充道：

> 那些野蛮人迟钝的思维让他们的身体沉重缓慢
>
> 那些野蛮人就住在迅速蔓延的兽圈里
>
> 他们习惯躲在阴冷的阴影中释放自己
>
> 然而我们却在饮乐，我们喝着光明的葡萄酒
>
> 不管是热的还是冷的，透明无色又或者是红宝石色的酒液。

　　很多士兵也懂得如何唱上两句："皮纳尔酒！它让前线士兵的精神面貌焕然一新！"在前线，这里有一条总则：每个法国士兵都爱皮纳尔

---

① 意思为喝光所有的酒。——译者注

酒。就算是那些日常只喝水的人，这时候都像他的父母一样喝起了酒。而"当我们在炮火的空隙中说着玩笑，我们最大的幸福来源就是来一杯皮纳尔酒"。所以法国士兵们被称为"那些热爱葡萄酒的孩子们"。在这场战争里面 800 万法国人开往前线，800 万士兵消费着这个国家的能量。

躲在大后方的法国人也被葡萄酒拉到前线，特别是国家防线正处在退缩危机中的时候："在农民的酒杯中，又或是在那些由颤抖的双手举起的圣杯中，女招待沉默地倒入法国士兵喝的皮纳尔酒，人们为此付出更高的价格，来养活那些法国的战争寡妇和孤儿。"在这场逐步扩大的战争中，处于后方的人们很快被动员参与到战争中去，葡萄酒给予了人们力量并让不同的力量紧密连接起来。

这种思潮，甚至带动起烈酒的消费。1916 年 2 月，当炮火在凡尔登打响，国家反酗酒联盟在重要的国家防线区域里昂和圣艾蒂安大规模地推行节制饮酒的运动。联盟最好的代言人，无政府主义和绝对节欲主义劳动者古斯塔夫·歌万（Gustave Cauvin）在卢瓦尔、罗纳和萨瓦地区展开了持续几个月的演说，并召开了 92 场会议强烈反对"国家内部的敌人"——酒精。他针锋相对地抨击酒精饮料零售商工会，将其称为"发战争财的人"。然而偶然的战火就足以将这些会议中断了，甚至连媒体都开始去抨击他的观点："没有烈酒又怎么会有葡萄酒呢，喝酒的人依赖于酒商，而 LNCA 正在失去他的听众。"凡尔登战役的胜利者，后来成为元帅的贝当将军（Général Pétain）甚至还写下了这样一句："法国人必须赢得战争，因为他们拥有马里亚尼可乐——皮纳尔酒之王。"

葡萄酒也给大战时候诞生的歌曲带来了乐趣：亨利·马戈（Henri Margot）创作了《皮纳尔酒》；路易·布思齐和乔治·皮凯（Georges

Picquet）创作了《皮纳尔酒万岁》，并由当时在第 140 军团服役的"大兵闹剧"演出者巴斯表演；泰奥多尔·博特雷尔（Théodore Botrel）创作的《罗萨莉》将忧郁的刺刀比喻成清新的年轻女子。那些劝酒的歌曲也在以另类方式将前线和后方团结起来。这些歌曲给在战壕中充满阴霾的生活添加了一种如家庭般的快乐。不管是在后方，还是在战场上，那些在咖啡厅演唱的艺人都在以通俗的方式进行着各自的行动。在巴黎的女神游乐厅，音乐家亨丽埃特·勒布隆（Henriette Leblond）的歌曲中形容法国士兵们"喝着酒跟德国鬼子干架"。休假的士兵唱着《马德隆》，还有巴赫的曲子，将前方的真实情况形象地反映给后方。就像 1917 年的戏剧歌曲《小酒店》所唱的一样。众人所奋战的一年，人们特别喜欢曲中的一段："最后一次回归，最后一小杯酒。在这种必死的生活中所诞生的英雄，就是葡萄酒，皮纳尔酒万岁！这是劣质的糖蜜，走到哪里都发光发热，上吧，大兵们，倒满我的小酒壶，皮纳尔酒万岁！皮纳尔酒万岁！"歌声传遍了米兰的斯卡拉大剧院，巴黎的奥林匹亚音乐厅。那些著名的音乐家如蜜丝婷瑰（Mistinguett）、提奥多尔·博特尔、路易·布科（Louis Boucot），还有尼娜·平森（Nina Pinson）也纷纷传唱。

在战争期间，那些描写前线战士军功的明信片在后方传递。在觥筹交错的饮酒声中，那些酒精饮料品牌毫不犹豫地向前线的战士进行推广，甚至连那些伤员也没有放过。杜本纳直接加入法国军队的供给队伍里面；比赫则向每一个在战壕里面的战士致以"大获全胜"的问候；威代尔的金鸡纳酒加入了肉类及石灰乳磷酸，说是能给伤员"力量、健康，还有活力"。战争最终获得了胜利。葡萄酒也唱起了凯歌。这种没有任何牌子的"皮纳尔酒"被人们神圣化。那些口语中所谓的"烧酒"不仅仅是调料，更成为军队饭堂中的优秀品牌。最终到来的荣誉补偿了那一段黑暗的日子。

> 马德隆，倒满我的杯子，
>
> 和军人们一起歌唱
>
> 我们赢得了战争。
>
> 嗨，你相信吗？我们赢了！
>
> 马德隆，啊！举杯畅饮，
>
> 特别是不要兑水，
>
> 为了庆祝胜利，
>
> 霞飞、福煦还有克列孟梭 [①]

　　苦艾酒品牌保乐（Pernod）曾用"失去了孩子"来映射 1915 年的禁酒令，但法国的葡萄酒最终还是战胜了那些德国的烧酒品牌，"法国南部的炙热阳光驱散了日耳曼的阴霾"。医学界的权威人物阿尔芒·戈蒂埃（Armand Gautier）教授和阿道夫·皮纳尔教授（Adolphe Pinard）继续在抨击烈酒，并鼓励饮用葡萄酒。那些微弱的异议渐渐变得无声。然而那些信奉禁欲主义的医生，如勒格兰医生（Dr. Legrain），却只看到了酒精饮料所带来的伤害："那些都是虚假的，酒精饮料的作用就是从骨子里欺骗人民。它们向大众保证它的病害作用离我们很远，使得官方能够将白兰地这样的烈酒送到军队中，使得官方能够接受这种贸易的繁荣，使得这种毒药能以不同的形式自由流通，使得那些让大众眼睛蒙灰的虚假法规得以签署，而其中唯一的理由却是体现了始作俑者抹不去的愚蠢

---

① 　前两位分别为法国元帅及陆军统帅，后者为法国著名政治家。——译者注

无知。他们让妇女成了酒鬼，让伤员和我们的病人用那些名不符实的东西填饱肚子，而它们还让那些刚到前线还十分淳朴的人觉得倒胃口。"

法国前总理菲利普·贝当（Philippe Pétain），"凡尔登战役的胜利者"，从未停止过歌颂葡萄酒。他让葡萄酒变得更为流行："在战争期间所有给部队的供给中，葡萄酒无疑是最让士兵们期待和喜欢的。为了得到一份'皮纳尔酒'，战士们克服了种种危险，顶住了炮火，嘲弄了敌军。在士兵的眼里，葡萄酒的供给甚至跟弹药的供给同样重要。葡萄酒从精神和肉体上给予了士兵们有益的兴奋感。葡萄酒用它自己的方式帮助我们赢得了战争胜利。"然而在下一场将要来到的战争中，葡萄酒却不怎么好过。

第二次世界大战中的宿醉

就像"一战"开始的时候，以及在"二战"前期的"静坐战争"中①，杜本纳公司发明了一种有名的饮品，并用这样的宣传语推广："胜利的酒……酒的胜利"。1939 年 9 月 4 日，法国对德国宣战，然而从 9 月的第二个星期开始，那首著名的"马德隆"战歌再次唱响，有关为士兵们倒酒饯行的明信片传遍了军营：那些殖民军队的古罗马斗士，还有奔驰而过的中世纪骑士以及公元 2 年的卫兵，给予了我们新入伍的士兵斗志。一个星期之后这首战歌，将随着明信片的到来传遍整个法国军队："当'马德隆'战歌随着饮乐声一同响起……想一想谁曾饮过

---

① 指 1939 年 9 月开始到 1940 年 4 月，英法虽然因为纳粹德国对波兰的入侵而宣战，可是两方实际上只有极轻微的军事冲突。——译者注

这样的酒，想想谁曾如此醉过？"法国歌手、演员莫里斯·舍瓦利耶（Maurice Chevalier）在军队的剧场里重新演出了这些传统的饮酒歌曲。"静坐战争"将不同的时代和不同的葡萄酒交融在一起。

有着在"一战"时候积累的经验，葡萄酒再次被送入军队中。1939年11月23日，一直担任议员的爱德华·巴斯，甚至在当时的农业部部长亨利·克耶（Henri Queuille）的赞助下在巴黎火车东站展开了"送士兵热葡萄酒运动"。然后葡萄酒众望所归地来到了各个军区。然而这时候已经有一些关于战败的悲观言论出现："廉价而又寡淡无味，这样的葡萄酒已经没办法再像上一场战争一样支撑起民众的情绪。1939年的战争动员让那些爱喝酒的疯子数目增加了。在1939年，军队已经被酗酒的人所污染了。军官在他们的饭馆里，士兵在食堂中一杯接一杯地喝着酒……"

于是首相爱德华·达拉第的政府宣布除每周规定的3天外禁止饮酒：周二、周四以及周六。然而这项法令并没有得到执行。到1940年5月，这个法令就被取消。相反地，为了不打击军队的士气，葡萄酒的官方配给——比本来的3/4升多了不少。在强烈的葡萄酒采购需求下，缺席的茶和咖啡被加了香料的热葡萄酒代替。值得一提的是，1939年的葡萄采收颇丰，这一年法国国内出产了7亿升的葡萄酒，而在阿尔及利亚这一数字也达到了1.8亿升，这些葡萄酒必须得流入市场。

从1871年那场输掉的战争起，维希政府一直在回应着那些国家主义者的陈腔滥调：酒精饮料有着分化社会的影响，会"让整个民族变得堕落"。新的政体对第三共和国的精英们做出无效的有罪判决，想要加强公众运动中的道德教化。1940年7月10日，维希主义正式诞生。而自1940年8月起，贝当元帅发表了果断而有力的演讲："要通过一场果断有力的战争来消灭那些正在蛀坏这个国家的'社会瘟疫',以便让这个国家重新崛起。"法国的国家领袖制定了一套反酗酒计划来解决敏感的公众健康政策话题,这一话题促进了统一的元素,增加了它的合法性,并从中联合起那些传统支持者以外的选民。但他们的行动只针对那些烈酒。作为前凡尔登战役的胜利者,贝当元帅无疑回忆起了葡萄酒在上一次大战中的民生价值。

1940年8月23日通过的法令颁布了对部分茴香酒饮料的禁令,而以葡萄酒作为基酒的饮料,在把酒精度数降低到16度~18度之后可以得到豁免。然而这条法令却因众多的反抗声音而失败:"因为太严厉而无法执行,因为太过分而无法有效施行,因为太用力而无法维持长久。在开始严格推行该法条的6个月内,这条法律便消失得无影无踪。"对抗酗酒问题的计划在几个部门的联合下进行协调,以优化政府工作的有效性。他们成功推行了1947年9月24日颁布的法律。列表上被禁止的酒精饮料种类大大地增加了:所有基于酒精的开胃酒都被禁止,甚至那些含有超过每升0.5克植物提取液的开胃酒和消化酒都被禁止。也就是说,茴香酒被禁止,而葡萄酒则得以再一次过关。

法令第一部分描述的5类饮料:

1. 无酒精饮料:加汽或者无汽的矿物质水,非发酵的水果或蔬菜汁液,柠檬水,糖浆,冲剂,牛奶,咖啡,茶,热巧克力等。

2. 发酵但不经过蒸馏的饮料:葡萄酒,啤酒,苹果酒,梨子酒,蜂蜜饮料。获得原产地命名认证的天然甜酒也被加到此列。

3. 除了第2项提到的,其他天然甜酒、利口酒、酒精度数不超过18度的,用葡萄酒或者新鲜的覆盆子、黑醋栗和樱桃制作的利口酒来调配的开胃酒。

4. 朗姆酒，塔菲亚酒；没有添加额外的提取物，由葡萄酒，苹果酒，梨子酒蒸馏得到的烈酒。

5. 其他所有的酒精饮料。

所有饮品的零售都必须获得以下四种牌照之一：

一类牌照，名为《无酒精饮料牌照》：允许销售现场饮用或外卖第 1 类所提到的饮料种类（无酒精）。

二类牌照，名为《卫生饮料牌照》：允许销售现场饮用或外卖第 1 类及第 2 类所提到的饮料种类。

三类牌照，名为《小牌照》或者是《限制性牌照》：允许销售现场饮用或外卖第 1、2、3 类所提到的饮料种类，并只能在正餐后作为餐点的补充销售第五类酒精饮料。

四类牌照，名为《全经营牌照》或者是《大牌照》：允许销售现场饮用或外卖五个类别里所提到的饮料种类。

葡萄酒并不是法国政府当权者的目标。法国国家元首之一的贝当元帅，在战争爆发之前就在蔚蓝海岸拥有一座小的葡萄园，甚至在 1942 年 5 月他还因为"爱国尽忠的精神"获封一片位于博纳产区的由著名的博纳慈济院所拥有的葡萄园。这片土地被重新命名为"元帅园"，周围用干燥的石头围起。在葡萄园的牌坊上，他的追随者们雕刻了一柄法兰克战斧，还有元帅的权杖。

然而实际上葡萄酒本身的消费在减少。男性劳动力的减少（因犯罪入狱或是外出工作等原因）以及劳作所必需的物资减少（马匹被征收，汽车缺少燃油，用在葡萄栽培上的硫和硫酸铜的供应被取消）使得葡萄的产量大大减少。1942 年，葡萄酒的产量下降到 3.5 亿升，而到了 1945 年更是下降到 2.86 亿升。

葡萄酒还成为入侵者的必争之物。首先得满足德国人贪婪的胃口。德国人入侵了香槟区、阿尔萨斯，并在 1940 年 5 月末进入了巴黎。香槟区的酒窖里有 200 万瓶酒落入了入侵者的口袋，"就跟'一战'时一样"。首都的那些豪华酒店和餐厅酒窖里存放的酒也同样遭到了掠夺：银塔餐厅所保存的 8 万瓶葡萄酒被没收。如阿道夫·希特勒所言："这场战争真正的获益者是我们，这场战争后我们将富得流油……我们会拿走所有我们喜欢的东西。"

肆无忌惮的掠夺及 1940 年 6 月 22 日的停战协定使许多葡萄酒被强征，以满足纳粹军队及纳粹高层的胃口。纳粹的外交部部长约阿希姆·冯·里宾特洛甫（Joachim von Ribbentrop）及副总理弗朗茨·冯·帕彭（Franz von Papen）曾经是葡萄酒商（他们分别将玛姆香槟和波玛香槟引入德国）。纳粹宣传部部长戈培尔的弱点是那些勃艮第的优秀葡萄酒。而赫尔曼·戈林则十分热爱波尔多葡萄酒（拉菲古堡，玛歌酒庄……）。这位"帝国元帅"是葡萄酒的忠实爱好者，他曾经发表过宣言："在今天，掠夺就是唯一的准则。而现在，所有的掠夺形式都是被允许的。我并不是掠夺意愿最低的那一个，反而是掠夺得最多的那一个。"

纳粹帝国的经济学家为了掠夺更多的葡萄酒而设立了一个专门的职位：Weinführer（葡萄酒监工），或者更贴切地说，是"军装酒商"。他们往兰斯派遣了品牌香槟生产商奥托·克里毕须（Otto Klaebisch），向第戎派遣了战前罗曼尼康帝酒庄在德国的代表阿道夫·塞格尼茨（Adolf

Segnitz）；在波尔多则派遣了大进口商亨兹·褒默（Heinz Bömers）。他们的角色是正当地"榨取"当地的资源，即征收当地的葡萄酒来满足德军的战争所需。他们对掠夺葡萄酒的热情毫无掩饰。在他们的"努力"下，每年有超过 2.5 亿升葡萄酒（等同于 3.12 亿瓶）被运到德国。这还是在铁路运输不够完善的情况下被掠夺的数字。1941 年，奥托·克里毕须被要求每个月向德国运输 50 万瓶香槟。而到了 1942 年 11 月，在德军占领了所谓的"自由"区后，这一需求达到了 200 万瓶。这无疑是被占领所需要付出的代价。

葡萄酒生产商的抵触，说不上是抵抗，一直都在进行。一些香槟酒窖在墙壁上开凿了藏酒的洞穴；葡萄酒的运输被故意拖慢；好的葡萄酒被替换成差的葡萄酒；酒标也被肆意调换。酩悦香槟的罗贝尔·德·沃居埃（Robert-Paul de Vogüé），为了保卫这一行业，成立了香槟酒行业协会来协调首轮的抵制行动。1943 年纳粹政府成立了"强制劳作服役"，一批又一批的法国工人被送到德国。一部分香槟酒庄变成抵抗运动的据点：像是弗朗索瓦·泰亭哲从监狱出来后以他的名字成立了泰亭哲香槟，而罗伯特－保罗·德·沃吉则成为香槟·阿登大区游击队的政治盟友。当然，并不是所有的生产者都热衷于抵抗纳粹。有些人甚至将自己的财富拱手让给纳粹。路易·埃舍诺埃（Louis Eschenauer），有时候也被称为所谓的"波尔多之王"，他在那段黑暗的岁月里和葡萄酒监工亨兹·褒默所成立的掠夺公司紧密合作。1945 年，他被以通敌的罪名逮捕。

在这场战争中，法国的葡萄酒消费大幅度下跌。每位成年人的平均葡萄酒消费量一度占据日常消费的 65%~70%，由 1941 年每年平均消费量 34.3 升跌至 1944 年的年平均消费量 18.7 升。新时代的种种焦虑和不安开始蔓延。

L'époque du bon vin

4

美酒的时代

　　在葡萄酒最美好的时代涌现了各类优秀的葡萄酒。葡萄酒变得越来越国际化，生产者也在不懈地追求能吸引新消费群体的优质品类。

　　从 20 世纪 50 年代开始，社会抛弃了那种流行的大宗消费的红葡萄酒口味。在经历过短暂的针对战争期间被掠夺的报复性消费后，普通餐酒的消费崩溃了。"普通的酒客只会牛饮，有品位的人则会细心而谨慎地品尝葡萄酒。"这样的观点出现在 20 世纪 50 年代，反映了当时时代的变迁：社会上出现了对品味的教育，而适度的饮酒方式开始被提倡。实际上，葡萄酒的历史在这里发生了由量到质的改变。葡萄酒在反酗酒人士的指导下，被社会精英饮用。

第九章
大宗消费红葡萄酒的崩溃

经历过战后的贫困、定量配给和沮丧之后，葡萄酒的消费重新回到了轨道。对葡萄酒的渴求是可以预见的，一如被某些人士所忧心的："现在这种他们习以为常的饮料被剥夺了，这些'工人和农民'还在被监禁或被放逐，当他们回到法国，他们要喝酒的势头必须被完全地约束。他们之中的很多人，已经不耐烦地等待着能够按自己的意愿喝酒的那一天。如果我们没有做好管制，下一次停战协定真的会带来一场可怕的酗酒闹剧。实质上，良好的葡萄酒消费习惯，在近几年被无节制的饮用造成了一种可怕的灾难性衰退，它改变了人们的道德观念，将我们的民族带入了危险的境地。"

在走出战争的阴霾之后，对葡萄酒的渴望变得越来越强烈。维希政府所设立的种种障碍被葡萄酒行业摧毁。博雍（Postillon, 1950），雷米翁（Rémillon, 1952），瓦贝（Vabé, 1954），力加（Richard, 1954），贝利尔（Byrel, 1954），一直到格拉普（Grap, 1965），马诺（Manor, 1965），这些新成立的商贸公司建立起了大宗消费葡萄酒的市场。这些公司到处传播他们的酒标，还有那些诱人的名字。

- 20 世纪 50 年代布列塔尼地区出现过的日常餐酒 [1]
- "Bon tonneau", 高级的白葡萄酒, 10~12 度
- "Dom Vinum", 欧盟经济区的餐酒, 11 度
- "Fransec", 法国餐酒
- "Vauban", 欧盟经济区的红葡萄酒
- "Pelure réserve", 优良甜酒, 13 度
- "Au vieux pêcheur", "老渔民"餐酒, 10 度
- "Le Grognard", 摩洛哥"利克威尔"葡萄酒
- "Saint-Georges", 阿尔及利亚
- "Dom Caradeuc", 雷恩经济社
- "Dom Grégoire"
- "Vin des sportifs", 12 度
- "Bon Père"
- "Saint-Pierre", 餐酒, 12 度
- "Vin de marée"
- "Le Jouvenceau", 一种特别的 "pelure d'oignon" 葡萄酒
- "Toute la fraîcheur de la jeunesse", 朗迪维西奥出产
- "Corona", 欧盟经济区的一种桃红餐酒

　　布列塔尼抒情诗人帕特里克·艾文（Patrik Ewen）将这些酒分为两类，并补充了那个时代葡萄酒宣传中特有的用语，像是"世俗酒"（"花酒"、"瞎子酒"、葡萄

---

[1] 《饮料》展览，布列塔尼博物馆，雷恩，2015—2016。

花酒、优美葡萄架等）以及"宗教酒"（圣罗莎酒，有"抚平肠胃"的功效；本笃教皇酒，"喝得越多，人越正直"；最优之酒，"由内心渴求的酒"）。在他拍摄的一个10分钟小视频里，他说道：人们"不是在喝酒，而是在灌酒"，而这样的行为是在"耕作你的肠胃"。在阿雷山脉地区，每天早晨喝的量至少是5杯溢满到边缘的红葡萄酒（多莱斯公司 Duralex 生产的 5 号酒杯）。

葡萄酒的消费被广告业的活力重新带动起来。在宣传中出现了很多和天气有关的句子："塞勒斯坦葡萄酒在寒冷的日子里变得炙热，在炎热的日子里让人觉得清凉。""没有葡萄酒的日子，就像没有了太阳。"彩色的宣传海报被张贴在房子的外墙上，占据了人们寻找乐子的途径：这是夏勒·特雷内（Charles Trenet）的作品《国家 7 台》，还有伊夫·蒙当（Yves Montand）作品《骑小单车》的开始。被重建的（法国国营广播电视台）或是新开的（法国电台，欧洲一台）广播电台不断地重复着这样地广告语："让我们来一小杯红葡萄酒，一杯桑德维尔，太好喝了"；"贝尔林的美酒"；又或者是"弗里留葡萄酒：健康到你家"。有时候葡萄酒的标签会清晰地出现在歌词里，像 50 年代由让·君士坦丁创作的歌曲《博若莱》，或者是更晚出现的，由安·希乐维丝特（Anne Sylvestre）所演唱的《罗曼尼·康帝》。

和 1935 年一样，学校还会组建合唱队。法兰西第

四共和国 ① 的教育部为了解决悲剧性的葡萄酒过量生产问题，决定在教育上推行爱国性的葡萄酒饮用行为。"我们国家最伟大的产物？是法国葡萄酒，先生！"在学校派发的奖励卡片里面，教员们重新写上了巴斯德的传统观点："葡萄酒是最健康的饮料。"那些新的罗希诺式壁画，色彩变得更为丰富，画风变得更为优雅，取代了那些过时的加尔捷·布瓦西埃（Galtier-Boissière）式壁画。而内容上也以歌颂葡萄园间的劳作，采收的欢愉或是现代的酿酒技术为主。学校还引入了两种新的教学工具：吸墨水纸，还有教学用的投影胶片。

吸墨水纸 ② 其实一直都存在，但常常只有单色，在教学时显得比较单调。后来出现了彩色和商业化的吸墨水纸。卡拉芳公司（Karafon）——它的名字实在是太优雅了！它推出的吸墨水纸上印有骆驼的背景，附带广告语："带你远走高飞的葡萄酒。""F. Sénéclauze"，一家阿尔及利亚殖民地的公司，创造了广为人知的"好酒，闭眼细品"的广告语。而旺度山丘产区的克斯达尔罗葡萄酒（Costarello）则想着要通过"美味品牌"来推广它的葡萄酒。

投影胶片技术在 20 世纪 50 到 60 年代迎来了高峰。不管是贸易公司，还是葡萄种植工会都大量投入资金开

① 法国在第二次世界大战后建立的资产阶级共和国。——编者注
② 用墨水笔书写时防止墨水染脏桌子的纸垫，通常印有广告。——译者注

发教学工具以应用和推广葡萄酒文化。香槟酒行业工会当时委托了纪录片电影办公室（ODF）、拉鲁斯出版社的分支机构教育新版出版社（ENE）将葡萄种植业搬上了教学屏幕。影星公司（Filmostat）则在推广宣传吉伦特省酒农的价值方面起到了重大作用。精品葡萄酒酒商尼古拉斯（Nicolas）在战争后得以重建，并与（ODF）联手推出了纪录片。但更重要的是，电影教学办公室（Office scolaire d'études filmiques, OSEF）对葡萄和葡萄酒文化十分感兴趣，并推出了相关的教程："法国，因其广阔的葡萄园，以及品质优良的土地，使其跃居全球葡萄酒业的最前列……葡萄种植业和葡萄酒贸易一直占据着国家经济的重要地位。"

当葡萄酒的消费到达了顶点，葡萄酒开始进入了"玄学"的范畴。举个例子，"这种电解质一直被认为是最解渴的东西，至少人们因为渴了才会去买它……除了它原有的功能外，葡萄酒的性质似乎总在改变，它像是拥有无穷的可塑性：不管是在梦境还是在现实中，它都能起作用，视乎它的那些神秘使用者们。对于工人来说，喝葡萄酒是种资质，是工具的一种（工作之心）。对于文学创作者来说，葡萄酒有着相反的作用：那些劣质的白葡萄酒或是博若莱葡萄酒截断了作家们要喝大量鸡尾酒或者是银酒（爱炫耀的人才会喝这样的酒）才能进入的非自然大门。葡萄酒带来的种种迷思，偷走了作家的智慧，还有无产阶级的地位。"

将全球的葡萄酒消费做一个对比是十分有意义的，从中我们可以看到，法国一直保持着葡萄酒消费的领先地位。

1950—1954 年居民人均年度酒精饮料消费量（单位：升）				
国家	白兰地（50度）	葡萄酒	啤酒（及苹果酒）	总消费量（折算为 100 度纯酒精）
法国	7.6	200	25	30.0
意大利	2.2	130	4.5	14.2
美国	6.6	5	100	8.8
英国	1.6	1.5	137	8.5
西德	3.2	12	66	5.1
瑞典	7.2	2	36	5.1

数据来源：苏莉·乐德曼《酒精、酗酒及醇化》（死亡率、发病率、工伤意外）第一卷，巴黎 INED 出版社，1956，p68-69

优质葡萄酒消费来到了一种最佳的状态，这个行业正处于活力十足的恢复中。然而在传统的反酗酒主义转变为反酿造主义后，葡萄酒产业却遭遇了巨大的萎缩。公众的力量将它变成了一种国家性事件。

现代生活方式的饮酒法则

　　"二战"之后，随着重建工作的开展国家日新月异。新的政治体系迎来了新的参与者。1943 年，儿科医生罗贝尔·德勃雷（Robert Debré，1978 年去世）所创立的抵抗运动医疗协会（Le Comité médical de la Résistance，CMR）提出了一份长达 10 年的反酗酒计划，涉及的范围包括了经济、法律、医疗和教育等层面。为了保证国家的"更新"，反酒精政策完全与家庭政策挂钩。按照罗贝尔·德勃雷教授的说法："按国家层面革新后的政府必须拟定应对两大国家性灾难的政策措施：生育率降低和酗酒问题。"新的地方在于他脱离了酗酒问题的道德考量，而认为酗酒是各种社会问题的原因。"酗酒问题是一项国家性的灾难"，罗贝尔·德勃雷教授坚持道："我要重新强调这一点，这是一种社会性的顽疾，并引发了一系列的社会问题。想要通过道德层面上的说教和惩罚性的法律来战胜它是一种双重错误。只有通过社会性的治理才最有效。"过量消费葡萄酒的影响在两方面：经济，还有健康。所以必须得从农业政策还有公众健康政策方面去改变这一点。想推进经济现代化并让国家获得新生，必须得携手新生代卫生工作者。

　　抵抗运动医疗协会这场持续 10 年的计划所使用的经典手段（限制酒精饮料的交易，减少蒸馏厂的权益等），被强制包含以下几点：一、受监管的农业政策；二、受监管的工业政策（酿酒层面上）；三、酒精饮料贸易规则要改变；四、对租房、娱乐、工业卫生的方面推出社会性的政策；五、推出新的合法医疗政策；六、推出教育相关的政策。所有的措施都归一个独立而强大的组织所领导。将要成为福利国家的法国，最终将反酒精政策纳入政府政策中。

　　酗酒问题与新生儿出现的酒精絮乱症联系起来，这让酒精饮料行业的发展遭遇紧急刹车。而葡萄酒，可别忘了它是所有的酒精饮料中被最多人饮用的一种，甚至被认为是新生儿酒精絮乱症的起因之一，也是酗酒问题元凶的一部分。酒精饮料所谓的"功效"在新一代的卫生学家看来，因为太多人的酒精摄入量过多而被弱化了。在国家反酗酒联盟总秘书长一职空缺了50年之后，支持葡萄酒饮用而反对烈酒的弗雷德里克·希尔曼（Frédéric Riémain）被允许组建以完全反对酒精消费为宗旨的反酗酒保卫协会（CNDCA）。CNDCA大部分的经费由社会安全部划拨，成立之后马上对所有的酒精饮料宣战。协会认为这样可以大大地减少需求问题的出现，还能减少各种社会和家庭悲剧的发生。

　　然而，国家对这些行动其实是存疑的。新组建成的INED和INSEE两所学院向政府提供了相关的数据。基于数据的预测，政府调整了对酒精饮料的偏见。"首先很重要的一点是，要弄清楚未来几年会有多少葡萄酒生产者和消费者出现，而结果是要推行全国性的人口统计政策。"以酗酒为名义的调查统计得知，每年因酗酒问题产生的费用，达到了1 500万至2 000万法郎。于是政府开始介入。

　　"这一周，政府决定要对一项长久以来明显毫无意义的经济政策发起进攻，我说的是——酒精饮料的过量生产。"法国部长会议主席皮埃尔·孟戴斯－弗朗斯在发表这一段演讲的时候，其实还没下定决心要对抗葡萄酒。无疑他并不想引起葡萄酒农的众怒，他针对那些只是种甜菜的农民："在至少三年里，每年酒精的生产量都超过了国家所需要的量，达到了1.5亿升。现在我们必须面对这样的状况：现在国家的酒精饮料储藏量已经多达近5亿升，这是正常消费情况下两年的总量。直到现在，为了吸收这些多余的产量，只能通过蒸馏的方式来解决。那今年我们该怎么办？政府所做出的措施涉及目前 2/3 的甜菜汁配额将用于制糖，而不像往年一样被用来制作酒精。对于生产者来说，什么都没有改变。但对于国家来说意义重大。生产更多糖，酒精就减少了。"然后孟戴斯－弗朗斯对各地的蒸馏厂和酒商出手，削减了蒸馏厂的权益，并对酒商加征税。显然，他绕开了强大的葡萄酒群体，但影响了围绕葡萄酒存在的外围渠道。他的退任部分原因是酒业人士地下活动的结果——皮埃尔·孟戴斯－弗朗斯还有时间来成立酗酒信息及研究高等协会（HCEIA），直接为法国部长会议服务，为财政和健康事务的裁决提供支持。它取得了总统的信任，并不可避免地由罗伯特·德勃雷管理，直到 1977 年。

　　HCEIA 以"适量饮酒"为主旨协调了各方的冲突："健康、适量饮酒"的理念被应用于全社会；"安全、适量饮酒"被用于工作场合或者是运输行业。"在家、在学校、外出旅行时拒绝饮用酒精饮料"，玛索（Masseau）创作的这则广告成了传奇的宣传语（CNDCA，1960 年）。"不要掉入陷阱，我们不用喝醉也能够享受酒精饮料。"舒曼（Schumann，HCEIA，1960 年）的一则漫画里则这样提到。这些预防措施从关爱哺乳期的妇女和保护年轻人的角度宣传了酗酒问题的危害："未来的母亲们，要注意了！酒精（不管是哪种形式的）对您未来的孩子都是一种毒药。"（CNDCA，1959 年）"我很顺利地生下了孩子，因为我从来不喝葡萄酒、苹果酒、啤酒等酒精饮料。"（CNDCA，1957 年）然而对于成年人，在推广适量饮酒上还是显得太过温柔："每天别喝超过一升的葡萄酒"，又或者是"懂得喝酒，少量而精"。

　　20 世纪 60 年代，那些负责公共健康和公共秩序的组织变得尤为焦虑。"一个国家过量地消费葡萄酒，不再适应现代的生活方式。为了成为一个工业化和机械化的社会，一些组织提出要设定降低酒精饮用量的容忍线：飞机和汽车驾驶员再也不能像 19 世纪的马车夫一样在工作中喝酒。适量饮酒不再仅仅是一种美德，而是一种必要措施。"葡萄酒也因为它的酒精含量被公众认为是有害的，而不再像以前那样因为它的社交属性被认可。在法国，"酗酒治疗与预防学"的发展认定了"葡萄酒是酒精饮料的一分子"的观点，以及它在部分社会问题上所扮演的角色。

反酒精消费的立法变得更为坚决。在关于各大区政府可以关押"危险的酗酒者"这样一条有着戴高乐主义色彩的法律通过后，罗伯特·德勃雷的儿子米歇尔·德勃雷成为法兰西第五共和国首位总理，并在 1960 年 11 月 29 日禁止了在运动及汽车驾驶组织中饮用酒精饮料，不管是以何种方式。那些体育明星，像运动员米歇尔·雅西（Michel Jazy）甚至被点名提到他的酗酒问题。广告的导向再也不能涉及酒类饮料的兴奋，催情以及镇静作用。再也不能向低于 21 岁的未成年人发放有提到或是推广酒精饮料的宣传册、吸墨纸广告、书本保护套广告以及其他广告素材。醉驾行为开始会被提起诉讼：在"受酒精影响的情况下"开车而引发事故不再得到谅解，从 1965 年开始，"甚至外表并没有显示出醉酒的症状"，也必须接受血液酒精测试并给予相应的处罚。从 1970 年开始，警察可以对司机血液酒精含量进行预防性测试。违规（即使是并没有发生任何事故）的超标值在这时候被设定为血液中超过 1 克／升的酒精含量。"喝酒或是驾车，只能选择一个。"1978 年道路安全阵营的代表提出了这样的口号。

喝，还是不喝？

在 20 世纪 70—80 年代，反酗酒斗争的发展在一步步前行，它们需要面对生产者阵营不断发起的争吵和质疑。到 1975 年，所有 10 年以来播得火热的品牌广告都在荧屏上消失了。1987 年巴赫扎克（Barzach）颁布的法律禁止在所有电视频道中出现酒精饮料广告。某类杂志（面向年轻人，运动或是电视预告）成为酒精饮料广告的必争之地，这些杂志一本比一本能激发人们的食欲。广告的预算到达了一个高峰：1977 年，HCEIA 在广告上的投入达 500 万法郎，而同期酒精饮料生产商在广告上的投入达 1.94 亿法郎。葡萄酒广告约占 10% 的总广告量，并一直占据所有酒精饮料消费的 60%。

1978 年春季议会选举的几个月之前，前法国总统瓦勒里·季斯卡·德斯坦将酗酒问题比作"法国的病害"，并承诺用一个 10 年计划（1978—1988 年）来对抗这一"已经成为国家危害"的顽疾。他授权世界有名的血液学专家让·伯纳德（Jean Bernard）教授来组建工作组进行这一计划。1980 年公众的调研报告完成。100 份施政建议中有 35 项被总理雷蒙·巴尔（Raymond Barre）的部长级会议所采纳。其中特别指出，要针对葡萄酒和其他果酒酿造的酒精饮料提高 50% 的征税，其中包含了干邑和雅文邑酒。这并不是一条绝对禁止饮酒的禁令，但它是一项以葡萄酒为主要内容的政策——"少喝酒，喝好酒"被政府推崇："这项与质量相关的政策，涉及所有种类的葡萄酒。政府将以不同的方式来处罚过高的葡萄酒产量。这项政策的目的在于，让法国葡萄酒酿造业减少低质葡萄酒的产出，而转向生产更优质的葡萄酒。"

这些引导措施拯救了法国葡萄酒。但不幸的是，这些措施遭遇了地方性的质疑。在酗酒问题影响最严重的北布列塔尼地区，一名检察官严肃地反击不能在体育场所销售所有类型的酒精饮料（包括葡萄酒）的政策。一场名为"酒馆战争"的争端在北部地区蔓延，就像是 1907 年的朗格多克地区，1911 年的香槟地区一样，人们反对他们选举出来的当地政府及相关部门。他们采用在足球比赛上罢赛的形式来进行对抗。最终司法部部长在总统选举将近之时被弹劾而隐退，并取消了所有的禁令。所有的酒馆及俱乐部得以继续运营。

几年以后，在法国总统弗朗索瓦·密特朗的任期内，所谓的"五贤人"——5 位医学教授，迪布瓦（Dubois）、戈特（Got）、格雷米（Grémy）、伊尔施（Hirsch）及蒂比亚娜（Tubiana），在 1989 年提交了一份措辞严厉的报告，指出米歇尔·罗卡尔任职首相期间推行公众健康政策时存在的种种不足。然后在 1990 年 3 月，政府推出了一份提高人口健康水平并限制与烟草和酒精消费相关的"危险行为"的新计划，施行更为多样化的预防性政策。这项计划第一次关注到以下四方面：

> 早期的癌症检测
>
> 对抗烟草和酒精消费相关的"危险"行为
>
> 加强维护公众健康的手段（有禁止这方面的商业广告，鼓励更多的公益广告刊登）
>
> 通过提高价格的政策减少消费行为（主要是指烟草）

"关于抵制烟草和酗酒问题"的艾温法以一种活跃的面貌在 1991 年 1 月 10 日被投票通过。这部法律特别针对运动赛事场合的酒精饮料消费做出了控制——这是对 1980 年发生的事件做出的回应，它跟你和我这些日常可以接触到酒精饮料广告的人息息相关。这是第一部针对广告而制定的框架性法律。"以一种现代的方式进行调控"，最终目的是减少酒精饮料方面的消费。

　　议会对是否施行这部法律展开了激烈的争执。"所有的进程都在加速而且争论变得激烈。"争论中重新形成了多数派和少数派。特别是在参议院，这里看起来受葡萄种植业者影响最为深远。圣乔治地区的参议员兼市长发出了"不要杀死葡萄种植业！"的声音。相关行业人士在这场争战中也顾不得骑士风度了：在你们准备限制这些农业产区的未来，在你们准备兴起一种文化习惯时——难道葡萄酒就不是法国的组成部分吗？为了让广告业能够支撑起体育赛事，为了让个人的自由得以捍卫，"我不相信那些不靠谱的人所谓的靠谱言论。那些医生成了所谓的老大哥，把他们认同的行为强加到每个人身上"。然而那些公众健康的狂热拥护者则质疑："难道我们就应该乐见危险的消费方式被积极推广，在生存的自由遭到不幸践踏的同时，死于这些只报喜的广告？"

　　这部所谓的"框架性法律"——艾温法，并没有禁止酒精饮料的广告，也几乎没有监管它们，这跟烟草广告被真正地禁止很不一样。那些广告信息只不过变得没有那么夸张，也没有那么有诱惑力而已：酒类的消费不再跟社会成功、运动，或者是爱情联系起来。除了那些面向年轻人的媒体，纸媒被允许直接或间接地刊登酒精饮料广告；而电台也可以通过宣传或是教育的方式宣传酒精饮料，另外那些"地域性的传统节日和集市"也是宣传酒精饮料的途径。那时候的广告只能宣传关于"酿造方法、出售方式以及如何保存"的内容。这算是酒精饮料宣传的简单回归吗？

　　所有这些广告看起来是有问题的。但对广告的"修剪"一直都在通过法律的修订和施行来进行。1994 年 8 月 8 日颁布的法律还给了广告自由演示的权利。在最开始的投票过去三年后，法律条文的修订给予了酒精饮料广告完全的自由化，禁止的条款只应用于电影、电视，以及体育和文化活动的赞助广告。1998 年 12 月 30 日金融法案的"酒馆"修正案还延长了每年可以特殊开放的数量——从 1 增加到 10。

从一开始，所有的酒精饮料广告都必须带有这样的警示语："过量饮酒危害健康"。连酒标上也必须印有这样的警示文字。然而"50 年以来我们所认知的，'艾温法'在减少饮酒方面的有效性很难被证明"。专家们甚至开始质疑这条法律是否有用。广告所传达的禁酒信息被极大地简略，甚至有时候还自相矛盾：喝还是不喝，都是要传达的信息。

然而，这部法律使得调停公共健康和酒类生产商各自的支持者在预防和教育观念的矛盾成为可能。由魁北克酒业协会组织的"酒类教育组织"（Éduc' Alcool）曾在校园里提出这样一条有意思的宣传语："适量饮酒有最好的味道。"在酒精饮料生产者的工作中，他们时刻警惕着酗酒所带来的问题，并做出了一系列的思考和创新措施。在酒类行业和香槟生产者支持下运作的酒精饮料科学研究所（Ireb）从 1976 年开始不间断地从生物医学方面（如人类科学）研究酗酒的治疗和预防。他们的研究成果及措施，十分有"法国味道"。他们官方提出的全国性营养推荐摄入量是"女性摄入两杯葡萄酒（每杯约 50 毫升），男性摄入三杯葡萄酒"。

然而在 20 世纪 90 年代末期，涌现出了一种将酒精饮料视为毒品，甚至是主要毒品的观点。酗酒被写入"上瘾物质管理办法"："自 1999 年开始，公共政策转向了治理和预防精神药物滥用的新方法，而不管它是否合法。这一办法，在研究清楚它的医学特点以及社会观念的基础上，优先考虑它对人类行为的影响。"部级反毒瘾及药物依赖性组织（Miltd），从 1996 年开始就和 HCEIA 一样由法国总理来领导，推广"多成瘾物"的理念：酒精，尽管是以葡萄酒的形式，就像其他合法或者非法的药物一样会导致依赖性。饮用葡萄酒因而成为一种主流的危害，因此需要接受监管。"怀孕时候不能摄入酒精"：从 2007 年开始酒瓶上必须出现这一标签。2009 年，法国国家癌症研究所（INCa）推出了一本手册向公众讲述酒精饮料的危害："不管是任何类型的酒精饮料"，所有饮用酒精饮料的行为，都会增加患癌症的风险："我们并非无视葡萄酒是一种文化产品这一点。但是在预防癌症上，葡萄酒和酒精饮料都没有起到好的作用。因为从饮用第一杯酒开始，癌症的风险就增加了。"

　　于是艾温法成了预防酗酒的有力方法：尽管不明确，但这部法律可以快速判断一则广告是否过度宣扬诱导购买相关的酒精饮料，并对有罪的酒业人员提出诉讼。这部法律抹去了潜在的酗酒宣传意图。

　　但葡萄种植者也在发出自己的声音：2004 年 3 月酒农们在卡尔卡松发起了游行，要求直接而彻底地替换这一部法律，某些人举着"还我葡萄"的口号，这在后方响起的枪声迎来了不错的结果。2004 年一个新的修正案将葡萄酒以及某些烈酒产区（如干邑和雅文邑）从禁令中解放出来：它们的广告"可以包含关于产地、获奖情况、原产地命名还有组成成分的介绍"。

　　每个人都在用自己的渠道发声。"葡萄酒与社会组织"骄傲地宣称"以 50 万名葡萄酒行业从业者的名义"将终结这些因艾温法产生的法律纠葛，并将所有问题"澄清"——这可是个酿酒工艺的名词！在支柱的另一端，2013 年新卫生学家在卫生部部长玛丽索·杜函娜（Marisol Touraine）的坚决支持下提出了新的反对意见，在一项立法计划里面加强了禁令的力度，并更严厉地限制酒精饮料的消费。全国性的争论又一次被点燃：一些"将富有文化遗产和美食文化的产区和酒精饮料联系起来"的说法不再被认为是有害的广告；而另一些在网上传播的广告则受到了法律的打击。2015 年，《公众健康的基本条款》被最终"拆解"。艾温法成了公权力的象征，而它也不过是公权力软弱执行力的替罪羊而已。年轻的消费者可以见证这一点。

年轻人、葡萄酒与酒精饮料

20 多年来，主流媒体喜欢强调在每周派对上年轻人和酒精饮料的紧密联系：这里说的是学生们的"豪饮"（binge drinking）活动。年轻工作者的"酒精滥用"话题引起了许多杂志和电视的相关报道。怎么酒精饮料就成问题了？为什么年轻人要背上这样的骂名？在把这看作社会事件之前不是得先考虑下这是否是一种媒体宣传套路吗？最终这只是一个年龄群体短暂地出现在公众视线中罢了。

青春期处于两种年龄阶段的中间：孩童阶段和成年人阶段。进入成年生活后，要跨过几个社会性步骤才能进入到成年人的角色中。在传统社会里，这些步骤进行得很慢：男孩子在 7 岁左右要穿上黑裆裤；12 岁左右要举行盛大的圣餐仪式；20 岁左右就要结婚了。所有这些阶段都以大醉一场为标志。所有这些活动都是可以被大众所接受的仪式。劳动法限定了进入"工作"的时间，1840 年的法律规定是 8 岁，从 1882 年开始则必须在完成义务教育的 12 岁之后才被允许工作，到 1936 年允许工作的年龄上升到 14 岁，而在 1872 年确立了 18 岁必须服兵役，这也成了一种新的成人仪式。在这些阶段里都可得畅饮一番。然而不止在特定节庆场合，葡萄酒是每天都要喝的，不过年轻人需要在父母的监管下才能够饮用。那些年轻人在长者的要求下，从酒商那里买回葡萄酒，"像个大人一样"快乐地干杯。通过葡萄酒，年轻人懂得如何饮乐，懂得了如何在社会中生产。而整个社会就像我们前文所说的，所有人都泡在葡萄酒里。

20 世纪 50 年代，报刊上出现了"年轻人"这个新名词。与此同时人口正在增长——这一时期被称为婴儿潮，年轻群体越来越受到社会关注。越来越多的年轻人要进入小学，初中、高中和大学，学位变得越来越紧张。1968 年 5 月新左派思潮后，法国总理埃德加·富尔推行改革，将大学的数量翻倍，到 1980 年大学生的数量达到了 300 万。这些年轻人跑着，唱着，高喊着发出声音。

当然，我们最早留意到的是那些走上了街头拉帮结伙的年轻人。他们以团伙形式团结在一起，被老一辈认为是怪诞的，不管是他们的衣着（穿着皮衣），或者是发型（男的留着长发，女的留着短发）、文身、听的音乐（摇滚）……又或者是喝的饮料。

这些年轻人构成了社会。在经济发展的黄金 30 年，年龄的群体成为广告的目标以及商业的范本。广告上会出现："我们这些男孩子、女孩子，我们喜欢西方的文化、吉他、电子音乐、汤力水……还有让人放松的香烟。"一代需要被养育和教育的年轻人为被老年人导致凝滞社会带来了突破。年轻人成为主导文化方向的范本。这些社会未来的主人翁，年轻一代正"陷入险境"，这个社会正变得越来越危险，年长的一辈被詹姆斯·迪恩所出演的电影《无因的反叛》（1955 公演）中所描述的社会吓倒。饮用酒类的风险，实际上是过量饮用酒类导致的生活中产生了持续而又严重的种种风险（自杀，意外等）。这个社会正在动摇着年轻人，吞噬着年轻人，饮乐着年轻人。很快我们诞生了这样一个词语："年轻综合征"。

流行病学家在 20 世纪 70 年代建立了这一新的年龄分类。20 世纪 40 年代到 90 年代，美国的成瘾学说来到了法国，年轻人成为调研的目标，以研究他们对"精神性"物品（酒、烟草、毒品）的使用情况，因为这些物品会改变一个人的认知。第一次使用的年龄，经常使用的年龄，使用的方式，时间，地点和使用的环境等问题构成了问卷里相互交叠的网络。授权机构（如全国保健和医学研究所针对 17 岁青年的 Escapad 报告，针对 14~18 岁青年的 ESPAD 报告）或者私人机构所做的长期调研成为参考的来源。

我们开始从酒杯里去观察年轻人。他们对"酒精"（从那时候开始所有的酒精饮料都被混淆到这个描述酒精分子的表述中）的饮用行为被反复观察。统计数据让爱喝酒的几代人浮出水面。当社会学家开始观察到以下这些现象时，记者、新卫生学家开始为新一代年轻人而焦虑：50年代的黑夹克；60年代的嬉皮士、摇滚人，还有随后而来的"朋克""迷客"；然后到2010年后的"豪饮客"，这些都是"垮掉的一代"，因为他们没有做他们父辈所做的事，没有成为像他们父辈那样的人。在调研报告里面还有两样特别让人担心的东西：第一次醉酒的时间；过量饮酒的频率和规律。但这两者都跟葡萄酒无关。

"（年轻人）第一次接触酒精的时间越来越早（自12岁开始）。"专家们提到。当然这显然无视了19世纪流传至今的饮酒习俗。可以说，这些习俗从青少年步入社会开始就给他们带上了好酒的色彩。

此外，调查显示，同辈之间的年轻人还会饮用蒸馏过的烈酒。而实际上在调查里我们很少看到葡萄酒的身影。家庭不再扮演一个过滤的角色，不再能保证合理的酒精饮料饮用方式。这里面主要说的是蒸馏酒的消费："如果我们少喝葡萄酒，就会喝更多的烈酒（威士忌、琴酒、伏特加），其中涵盖了年轻人的消费。12~18岁的群体中有一半人每周至少喝一次酒"，这些让人警惕的数据揭露了那些火热派对背后严重的饮酒问题。

年轻人还发明了"alcool-défonce"（酒精大锤），"biture express"（烂醉快车）等玩法，而这些行为在英语系国家被称为binge drinking（狂饮），或者更文雅点用流行病学的语言可称为API（短时高强度饮酒：alcoolisation ponctuelle intense）。这种行为很快地进入大众的视野并被批判，它跟社会体系深层次的改变息息相关：在社交场合中，乡村及犹太－基督教的饮酒传统被终止；高度数酒精饮料流通和消费快速增长使得这些行为变得全球化；持续的大规模失业潮以及经济危机催生了人们的焦虑和不安。

1970—1980 年，布列塔尼的年轻人热衷于"蹦迪"这样的娱乐，成为酗酒问题的新例子。所谓的"蹦迪"就是到当地的舞厅转一圈，但目的只是喝酒。甚至于今天，布列塔尼大区仍是所有大区中酗酒和轻度或致命醉驾行为最严重的地方。随着高等教育的推行，后来还出现了许多所谓的"学生派对"，不同专业、不同高校的学生都参与进来，掀起了严重的竞争：24 岁的法学院学生文森说道，"每次学生派对上我都喝得烂醉。当我两手拿着酒的时候跳舞跳得特别厉害"。

根据不同类型的"学生派对"，价格优惠的酒水让酒类消费变得容易——从半价到每杯酒优惠 1 欧元不等，都可以跟经营娱乐生意的舞厅老板商量，或者可以通过预付款的 BDE 卡来享受优惠价，这种卡在不同的派对上都可以使用。但这些优惠方式目前都被禁止了：2009 年的巴塞罗（Bachelot）健康法宣告这些开放酒吧走到了尽头。然而那些喝酒的集会，像是那些高校的饮酒社团依然在发展：像什么运动集训营，学生节，雪地一周等。但这些活动中是没有葡萄酒的。

从 20 世纪 60 年代开始，对"好酒"的教育就消失了。要记得从 1895 年开始，预防酗酒就已经被引入小学的教学中。学校教育提倡饮用健康的饮料。像是在科学实验、算术、家务及生活技能、道德及民生教育还有绘画等被提倡的活动中，"好"的葡萄酒是"坏"的烈酒的对立面。源自节制饮酒的交际性葡萄酒教育也消失了。葡萄酒甚至逐渐从学校的食堂里退出。1956 年第一轮关于寄宿学校食堂允许售卖饮料的部长级会议通告里面，以学生的年龄为标准有限制地允许出售酒精饮料：不允许向不满 14 岁的学生出售酒精饮料；14~18 岁的学生需要在得到父母允许的情况下饮用不超过 3°的酒（兑水的葡萄酒，啤酒或者低度苹果酒）；对于高年级学生，大学预科生，师范学校预备生，则可以为他们预留一些"纯"酒，因为他们已经到了允许喝酒的年纪了。但是，1984年发布的决定性通告将所有的酒精饮料驱赶出了校园，甚至连教职员工都不允许喝酒。

酒离开校园之后，所谓"品味教育"不涉及葡萄酒酿造层面的学习，它所教的是如何品味食物中的美味。"年轻人与酒精：怎么阻止？"这一从千禧年持续到现在的话题困扰的还有那些该为公众健康负责的人。"健康教育"从 2000 年开始成为小学和中学的必修课程。法国教育部在所有的学校里成立了健康及公民教育协会（CESC），这一组织负责用正面的活动策划来维系一个"有教育氛围的社区团体"。CESC 要做的是让学生成为学徒工进入社会前帮助其做好准备，塑造学生们对自身、他人及环境有责任感的行为和态度。对年轻教员的健康教育从上游教育就开始了，原本的教师教育学院（IUFM）改组成教育及教师高等学院（ESPE）。然而，接受高等教育的学生对此没有太多的触动。首要问题在于，这种健康教育涵盖的内容太多，涉及的面越来越广——它所教授的是如何谨慎地饮酒，同时又教酗酒的人如何进行体育锻炼，如何平衡饮食，更笼统地说：是如何好好生活，预防暴力犯罪，尊重他人，要学会如何得到良好的"自我认知"。在节欲的信息被强烈冲淡的今天，这样的理念会被淹没吗？

不管如何，在法国，要求降低葡萄酒饮用量的呼声越来越高。尽管在 20 世纪 50 年代，这样的声音只是昙花一现，但在今天这样的呼声传播很快：1975 年法国居民每年的葡萄酒饮用量为 100 升；到 2012 年，这一数字减少至 50 升。甚至我们可以预测，法国人年均饮用量将会回到 19 世纪 80 年代的水平。

在过去的 40 年里，葡萄酒消费下降的百分比是其他酒精饮料的两倍。葡萄酒在所有的酒类消费中占 60%，而在 1960 年这一数据为 79%。

居民人均酒精饮料消费量，数据折算为纯酒精体积　　单位：升

年份	1961	2006
总量	26	12.6
葡萄酒	20.6	7.5
啤酒	2.5	2.4
烈酒	2.9	2.7

酗酒的问题并没有减少，而纠结于饮用葡萄酒与疾病之间关系的《乐德曼法》（Ledermann）已被认为是一种夸大的说法。酒精饮料的消费行为是按年龄划分的。那些所谓的"传承一代"（60 岁以上的人）才会每天或者经常地饮酒，而这样的饮酒行为也常常发生在朋友和家庭聚会中。对于 30~40 岁的"X 一代"，这种消费只是场合性地饮用，特别是在节庆的时候。而对 18~30 岁的"Y 一代"，这样的消费变得尤其特别，因为他们会更加顾虑饮酒对健康的损害。经常饮酒的消费者所占的比例从 1890 年的 51%，下降到 2011 年的 17%，而到了 2015 年，这一数字徘徊在 13% 左右。在同一时间，绝对不饮酒的人所占的比例从 1980 年的 19% 上升到了 2010 年的 38%；而到 2015 年，这个数字达到了 43%。饮用量的降低强调了葡萄酒的价值，葡萄酒象征社会地位的形象将会一直持续下去。

第十章
品味时光

　　对葡萄酒品味的追求和改变在过去的几个世纪里一直在加强。这样的追求来自社会的金字塔顶端。在中世纪末期，从《艾蒙四子》的故事中我们就可看到人们已经在订购博纳地区出产的葡萄酒，这里的葡萄酒从那时候开始就已经比塞纳河流域和卢瓦尔河流域产区出产的佛朗索瓦葡萄酒（vin françois）更受欢迎。这种酒是精英阶层的不二选择。经历了民主时期的 19 世纪，特别是消费水平大增的黄金 30 年，大众开始欣赏葡萄酒。人们对葡萄酒的欣赏决定了市场的风向。

　　品味来自何处？所谓的品味常常在节欲及优质生活之间摇摆不定。随着占主导地位的中产阶级变得富足，"必须品味"以及"华贵品味"之间的差别变得越发模糊。或多或少，饮用葡萄酒最终成了一种"命运的选择"。这样的选择由不同人所处的生存环境所决定。个人的生存环境迫使人们放弃可能而纯粹的幻想，只留下了那些"必须品味"。新的社会道德伦理更看重节欲，不管是出于瘦身的需求还是出于公民的责任感。它显然站在了优质生活和高消费的对立面。哲学家皮埃尔·布迪厄所描述的"优质生活"概念出自 19 世纪和 20 世纪前期那些纯粹却又不看重葡萄酒质量的酒徒。现如今，好的品味包括了对葡萄酒的精挑细选，对葡萄酒本身的认知，对饮用场合的要求，甚至包括选择跟哪些朋友一起喝。

饮酒美食学

苦、甜、酸、咸构成的四味随着时代变迁而变化。侍酒的温度，应该是冰镇还是室温？一直到 18、19 世纪之交，才产生如何更好地饮食的社会概念：这意味着美食学的到来。美食学包括了优质生活的三种方向：技术、审美还有伦理。美食学的诞生，需要整合多方面的资源："美食学包含自然历史学——通过分类学辨明各类食材；物理学——研究食材的组成及质量；化学——通过不同的分析和结构的方法研究人体可耐受的食物；烹饪学——研究食材之间的搭配及如何让食材变得更为美味；贸易学——研究如何在最优的市场进行采购及如何以最优的状态出售商品；最后还有政治经济学——通过税收了解这些资源，以及如何在国际间建立交流。"这就是法国人所说的享乐至上主义。在一桌大餐中决定性的一环是挑选与之搭配的饮品："酒精是所有饮品之王，它为食客的味蕾提供了最后一度的狂热。它繁杂的准备过程，开启了新的乐趣来源。"这段话描述的正是过去"品味"一词的发明所经历的事情。

布雷桑的议员布里亚·萨瓦兰（Brillat-Savarin，1755—1826）被认为是美食王子，在他的身上集合了对美食的热情，以及对如何消费才能获得最完整的乐趣的哲学。事实上，他发明了一种饮酒作乐的新形式。他最后的杰作《品味的生理学》（1825）开创了餐酒搭配的新历史："在品尝布雷斯特鸡肉的时候该喝点什么呢？拿一瓶格拉芙葡萄酒。而吃生蚝时，一瓶老年份的苏岱葡萄酒是最好的选择。"虽远谈不上成为一种教条，但它确立了两项基本的原则：餐酒搭配需要有创新的精神（"声称一瓶酒可以搭配所有的食物是一种邪说"）；以及需要对饮酒的顺序做出合适的安排。("饮酒的顺序需要从最温和的酒开始再喝到最浓烈芬芳的酒")

最早的一批美食家对葡萄酒饮用的温度也做出了要求。一款酒需要在室温下饮用,还是要放在冰桶里冰镇后再喝?这一切取决于它的产地:"勃艮第葡萄酒需要在酒窖同样的温度下饮用,波尔多葡萄酒则以在有暖炉的室温下饮用为宜,而香槟则需要冰冻来喝。"这一场持续了几个世纪的争论,葡萄酒该冷冻后喝(如古罗马时期和文艺复兴时期的西班牙)还是加热或常温地喝最终迎来了和解。但这条黄金规律的前提是给喝酒的人带来快乐。

美食家的幸福①

在酒宴女神的怀抱里,忘记了全世界。

为了忘却,这有一种快乐的方式:

精选的葡萄酒染红了您的酒杯

您的勃艮第葡萄酒,正躺在其酒窖里,

她鲜红的酒色随着陈酿越发明显;

她给予您快乐,让您陶醉......

最早的一批美食家提供了一些简单的菜谱和佐餐酒建议,让品味生活走得更远。他们想要将饮食的乐趣从仅仅满足于填饱肚子的单纯"饮食之乐"中区分出来。布里亚·萨瓦兰提出了4种可以得到这样乐趣的方法:"贵的,至少也是过得去的美食;好酒;友好的氛围;充裕的时

---

① 约瑟夫·德·贝书(Joseph de Berchoux),《美食》又名《田间之人》,1801。

间。"他还警告："如果酒不好就谈不上餐桌上有什么乐趣了，宾客们没得选择，他们面露愠色，而这顿饭只能匆匆结束。"所以好的品味是由这4点所组成的。若想要品尝一顿让宾客们都竖起大拇指的美味鹌鹑翅膀，那么一杯拉菲（波尔多）或者是伏旧园葡萄酒（勃艮第）必不可少。这是一种"贵族式"的美食饮乐的艺术。

一些艺术家走得更远，甚至超脱了惯常对品味的追求，将"感官的迷醉"升华为生活的纲领。"为了不去感受时间那可怕的重负——它折断了您的肩膀，并让您向下弯曲。您应该不停地陶醉。醉于何物？——美酒、诗歌，还是德行，随便，但是——快陶醉吧！如果有时在宫殿的石阶下，在沟壑的草丛中，在您房间呆滞的孤独里；醉意减弱或消失了，——您醒了过来……那么请去问问，问风、问浪；问星、问鸟、问钟；问所有在逃遁、呻吟的；问所有在滚动、歌唱的；问所有在高谈、鸣叫的：——'什么时辰了？'那么，风、浪、星、鸟、钟便回答说：'是陶醉的时间了！'为了不做时间的愚昧糊涂的奴隶，快陶醉吧！永远地陶醉吧！醉于美酒？醉于诗歌？还是醉于道德？随便，但是请您快些陶醉。"

作为餐桌的点缀，葡萄酒经常出现在聚餐者的诗词歌赋里面。从劣质的红酒到华贵的香槟，葡萄酒提升了人的感官。视觉：那漂亮的酒色，被系统性地比喻成恒久而又珍贵的宝石。利口酒拥有宝石般如祖母绿、黄玉般的色彩，而红葡萄酒拥有红宝石一样的颜色。葡萄酒闪烁着钻石般的光泽，它们透明如水晶。触感：葡萄酒有着"如丝般"，"天鹅绒般"的口感。嗅觉：形容葡萄酒闻起来很好，可以用"香气馥郁"来形容。听觉：每一类酒都与某种乐器的声音联系起来。味觉：我们"享用""品鉴""小酌"葡萄酒。

美食学调和了语言和胃口，人们的直觉与认知，欲望和愉悦，预示了酿造学的出现。从 20 世纪 20 年代开始，记者接替了艺术家在报纸专栏上发表酒评。1923 年，《费加罗报》的读者们发现了《农业与贸易》版刊登了一篇报道，讲述了那些最昂贵的葡萄酒（拉菲古堡，玛歌酒庄），不仅仅将其比作最昂贵的商品，是"葡萄酒业皇冠上的宝石"，而是将它比作法国的大使，认为其维护了法国的"尊严、名誉和荣耀"。在政治层面的另一个极端，《人权报》开设了一个类似的栏目，认为葡萄酒的推广是因为以国家为后盾才如此顺利。特别是酒评论家们希望葡萄酒业变得越来越科学化和理性。

实际上，饮酒的科学起源于 20 世纪 30 年代。酿酒学在那时开始了一段针对味觉的系统性研究。饮酒从那时候开始成为一项关于味觉的而非营养的行为，与那时候（甚至是直到现在）的医生意见相悖。酿酒学的出现改进了对发酵，陈酿过程的控制，这些工艺所带来的感官特点组成葡萄酒的特征与美感。酿酒师在品酒的时候会用上所有的感官能力。品味的生理学机制逐步地揭开了面纱。布里亚·萨瓦兰和他那些 19 世纪后的继承者认为，对味觉的认知是不可能的："味觉的数量是无尽的，因为每一个个体都有不尽相同的味觉，人与人之间的区别并不能完全地整合在一起。嗯，味觉与味觉之间还三三两两地叠加在一起，从最吸引人的味觉，到最让人难以承受的味觉；从草莓的甜美到葫芦的苦涩，这种叠加使人们根本没可能整理出一个味觉框架。几乎所有尝试去理出个所以然的人都失败了。"尽管开始的时候弥漫着悲观情绪，然而感官分析科学接受了这样一个任务，去通过尽可能简单的语言来描述我们对味觉的感受。感官分析科学将味觉划分出了四种最基本的形式：甜、苦、咸，还有酸，然后其他味觉都可以用这四种元素来组合。在组合这些元素后，感官分析学可以用水果和蔬菜的味道作为类比（红色水果、榛果），辨明占主导地位的感官类别（香料、花香、动物香、木材香、奶香、水果香、植物香、矿物质感）来描述酒的味道。

味蕾上的乳突可以感受到这四种最基本的味觉。在这四种味觉里面，还需要加入一种比较少的人知道的味觉——1908 年由日本教授池田菊苗（Kikunae Ikeda）所提出的鲜味。这种味觉主要由组成蛋白质（谷氨酸盐）的氨基酸所带来。

嗅觉方面主要涉及香气的研究。挥发性的香气分子通过鼻腔后来到了味蕾，然后由我们的味觉系统感知。香气分解在唾液中并激活舌头上的味蕾。口腔黏膜可以感受到的还有灼烧感、干燥感以及涩感。口腔黏膜上的蛋白特别能够感受到单宁的存在。酿酒学重新了解了葡萄酒以及它的成分，开发了混酿的工艺并懂得了如何让酿出来的酒更好。今天酿酒学的研究并不仅仅涉及人们所品尝的某种产品及其组成，还同样涉及（恰恰是布里亚·萨瓦兰提出美食学的回归）品鉴的人和他们品鉴时所处的环境。

品酒的艺术得以精确界定，并由此诞生出"品味"一词。品鉴的操作包括了辨别、认知，还有将美味归类。20 世纪 60 年代，学校里就开始设置关于品酒的学徒课程。一部名为《品味》的教学影片以 69 张连续的图片和图表来进行教学。这部影片由纪录片及电影教学工作室（Odef）和一家商业公司——唱派（La Pie qui chante）共同推出。通过影片，你可以用当时最新颖的方式了解感受器官（舌头、鼻子、眼睛）在构成味觉方面所扮演的角色。然而这样一部教学影片并不能掩盖它本身的商业利益：它煽动人们的消费，尽管这一次所涉及的是糖果业。

对葡萄酒和其他所有饮品的品鉴教育在随后的几年由酿酒师、见习化学家雅克·皮塞（Jacques Puisais）推出。在了解到现代消费者在面对那些模棱两可的标签时所感到的困惑，以及他们希望安心地购买葡萄酒的需求后，雅克·皮塞在 20 世纪 70 年代针对孩子们推行了一套教育项目。这套教学项目以一整年的十几堂课程组成了最早的"品味教学"。课程中很大一部分涉及教孩子如何辨认感官性质的经验，以及如何将其文字化地表述出来。

于是酿酒学建立起了品酒的三步法：从视觉来欣赏葡萄酒的酒色，从嗅觉感受香气，紧接着感受酒在口腔中的感觉，并感知它的后味如何。在品鉴的过程中，还需要对酒的品质做出判断。但所有的这些都十分主观。由此，神经科学介入并为品鉴带入了更多的客观性。

在 20 世纪末期，对味道的研究翻开了新的一页。分子生物学发现了人体里面嗅觉和味觉的感受器，而脑部影像学提供了大脑时空认知功能方面的观点。实际上，神经科学告诉我们品鉴的器官是我们的大脑还有上颚。换一种说法，根据酿酒学家埃米耶·佩诺（Émile Peynaud）在《葡萄酒的味道》一书里提到的：味觉存在于人的头部。神经科学对葡萄酒在食物和技术方面的定义提出了质疑："通过大脑获取的感官图像，只包含了定性和定量两方面的信息，排除了所有关于享乐的内涵。如果我们喜欢一种食物，其实不过是我们的感官图像跟一些有乐趣的回忆联系起来了。"评价的时候，我们脑海中浮现的单个画面并非来自想象，而是品鉴的时候大脑将以往的记忆和多个感官（视觉、嗅觉、味觉）所传达的信息进行了加工。很显然味道的组成来自以往品尝东西时的生活经验。这里面还包括了物理和社会环境对品鉴的东西是否欣赏接受，以及品鉴者的精神状态。每一个个体就像一个小型的社会。而味道则来自每一个人的多重感官经验，还有他们的过去。20 世纪末，每个人都能成为品位不俗的人。他们学会了去选择，去诱惑他人，或者被他人诱惑。

葡萄酒，关于诱惑的争论 ①

……颜色？它随着光线而改变：看，它变红了，就像水下的石头表皮一样。它看起来就像是鱼雷后面冒出的气泡，又像是堆在骷髅头之间的金色项链。至于味道？我们更乐意将其称为酒香，酒香的种类很多，每一款酒都至少由四种葡萄混酿而成：赤霞珠、品丽珠、梅乐还有小味而多，后面我会为你解释这一点。这款酒闪烁着朦胧的光泽给予的一种内里各种香气交织的错觉。我至少能够说出里面的 15 种香气，如果你能够多给我一点时间，这款足够老的酒会重新回归到圆润甜美的状态。这款酒单宁饱满，有着精致透紫的酒色。如果我们将 Heidsieck 香槟比作意大利画家桑德罗·波提切利的作品，那么男爵酒庄（château Pichon）则是鲁本（Ruben）的作品了。但我想这些画作对你来说都是挺无聊的，因为……

目前最新的研究集中在感官的活化以及多模式感官信息的汇合，这是所有的品酒师都会遵循的感官模式。他们的大脑可以预知并将感知到的感觉跟已有的经验、知识联系起来。神经影像学的技术（fMRI，磁共振功能成像）探明了大脑中多感官处理的位点。人们对大脑的多感官组织的认知还得益于对气味、颜色、味道和质感的感知机制的理解。于是消费者的感知和生产葡萄酒的技术指标得以联系起来。21 世纪的商业服

① 杨·奎费莱克（Yann Queffélec），《品酒》，巴黎，《法国文娱》，2003，p. 76。（这段 50 多岁的贝纳德与他的学生莫耶尔之间的对话发生在波尔多波亚克产区的一场品鉴会中：男爵酒庄 1958 年试饮。）

务也因此得到启发，神经市场学是否会比 60 年代唱派公司推出的影片更有效地传播味道这一概念呢？

原产地保护

当低端餐酒的销量惊人地下滑，那些有着原产地命名认证的葡萄酒以及地区餐酒销量则得到了提升。原产地命名葡萄酒（AOC）和优质地区葡萄酒（VDQS）两者的销量在 1970—1994 年翻了两倍。而这一现象一直在持续：到了 2011 年被购买的 55% 的红葡萄酒均为 AOC 葡萄酒。

葡萄酒消费量（人均消费量：升）

年份	总体葡萄酒消费量	其中 AOC 级别葡萄酒消费量
1960	174.3	16.9
1970	143	19.2
1980	122.9	23.2
1990	91.3	33.8
2001	78.9	37.4

AOC 这套谨慎制定的标准目的是提高葡萄酒的质量，也方便了消费者在选购时更好地抉择。1935 年 7 月 30 日颁布的法律建立了原产地命名分级制度。在葡萄酒产业面临一系列的危机面前，国家运行了这样一套监管葡萄酒质量的系统。在制定这一套系统的时候还充分尊重了原产地的特色：像是勃艮第会强调单一地块、风土；波尔多强调酒庄；香槟强调品牌而阿尔萨斯则强调葡萄品种。从 1947 年开始，法国原产地命名管理局 INAO（现为国家原产地和质量研究所）领衔了这一任务。

原产地命名的内涵是"生产与土地的结合，并以人的知识手段表达出来"。INAO 与各个命名产区及贸易伙伴保持紧密的合作。对产地的限制可以是区域性的、地方性的或者是地块性的。每一个产区会对应一本相关的《规范守则》，里面规定了生产的地理范围、允许使用的葡萄品种、酒精度以及葡萄园修建的形式和允许的最高产量。如今，法国一半的葡萄园都在 AOC 法规的监管下。某些产区的 AOC 法规还获得了细化与加强。在勃艮第的 AOC 里面，还划分出了以下这些子产区：勃艮第上夜丘产区以及上伯恩丘产区（1961），勃艮第夏龙内丘产区（1990），勃艮第库西瓦山丘产区（2000）等。1992 年，AOC 法规在全欧盟推行后，成为一种欧洲的标签。为了与法国推行的 AOC 法规区分开来，在欧盟推行的法律被称为 AOP（原产地保护）。专家之间的争论涉及多个方面——是否给葡萄酒使用橡木片、每公顷的葡萄产量、是否用灌溉技术、风土的划分等，这些争论衍生出了认证，以及对消费者的保证。在使用质量指标将葡萄酒地域化的同时，INAO 在全球关于"品种葡萄酒"和"地域葡萄酒"的争论中明确地站队了："AOC 法律是我们为农业产品所创造的梦中最美的一部分。"

　　同样地，喝酒的人更乐意选择"地域性"的产品，那些"老"的低端餐酒，正循序渐进地向"地区餐酒"的方向进行本质上的改变。1968年 9 月 13 日制定的法令中区分了省级地区餐酒和区域性地区餐酒——通常区域性餐酒限定的范围比省级要小。区域划分涉及某行政地域单位的所有土地面积——地方、乡镇或者是省份，不过不具体到葡萄园，与 AOC 法律的情况一样。从 1987 年 10 月颁布的法令开始，甚至还创立了第三类的地区餐酒：大区性命名的地方餐酒，所涉及的范围是某一大片具体的平原产区。从 2009 年起，所有的地区餐酒，一共有 151 个产区，被改为欧盟级别通行的保护性地理标志（IGP）。

在大大小小的产区中，质量控制法律刺激了生产者和消费者。在1936 年 5 月阿尔布瓦获得了法国首个原产地命名认证后没多久，亨利·梅尔（Henri Maire，1917—2003）就拿回家族那片小的葡萄园，努力地将其发展为法国最大的有原产地命名认证的葡萄园之一，占地面积 300 公顷。他奉行大胆甚至颇受争议的销售方法，全法国都可以见到"亨利·梅尔，疯狂葡萄酒"的广告牌，他通过中介和代理人直接出售葡萄酒，并在国内外进行了超过两百场商业巡演。他还展开了一些轰动性的宣传活动，像是与活跃在媒体上的餐饮业人士雷蒙德·奥利弗一起推行"葡萄酒回归法兰西岛"等的活动。

这种对质量的不懈追求，还有另一个低调得多的例子，罗讷河谷180 位葡萄种植者生产 5 个 AOP 品种葡萄酒（côtes roannaises、côtes du Forez、Condrieu、Saint-Josephe 以及 Château Grillet），还有两个 IGP 品种葡萄酒（vin de pays d'Urfé、vin de pays des collines rhodaniennes）。他们的热情十分让人触动。这种对如何提升产区葡萄酒质量的动人故事还有很多。

利热尔人[①] 只会为他们的葡萄园而骄傲

史提芬的心里一直藏着那段他和祖父过去的日子，在葡萄园里祖父答应为他做一瓶葡萄酒，那些在压榨机和酒窖里的片段一直在他心头闪过……1990 年，他在马贡地区的一家学校报名参加酿酒的课程。

---

① 卢瓦尔河的拉丁语称呼。——译者注

当我的父母退休之后，我开始了我的行动。我租了几块有老藤的葡萄园，然后立刻用这些葡萄酿酒。从 1998 年开始，我在圣 – 罗曼山的火山坡上开垦了一片葡萄园。

今天，他那 5.5 公顷的葡萄园，其中两公顷为 AOC 葡萄园，每年可以酿造 2.5 万瓶葡萄酒……

最开始的时候，我在山顶种葡萄。特雷兰市的酒窖都不愿意酿造这葡萄品种。所以很自然地，我自己掌控了所有的事情，从种葡萄到做市场推广。我所做的只为一个目的：让这样的产品变得更有价值。[1]

每一个产区都出现了好转。在两次世界大战之后，香槟区缓慢恢复。1940 年，仅有 7 800 公顷的葡萄园种植葡萄，而到 1906 年这一数字是 1.5 万公顷。在 20 世纪 50 年代，香槟的每年消费量仅为 3 000 万瓶，而到了 2000 年以后这一数字上升到了 3 亿瓶。精品消费主义的普及化并没有阻碍香槟生产质量的提升。所有的消费场合——家庭聚会、公众庆典、行业活动都以"削开"一瓶香槟为乐。1927 年香槟的生产地域被仔细测量，并在 2008 年被再次划定。葡萄园的运作模式变得更加现代化，从 1990 年开始，"香槟"一词被从法律上限制使用以保护它的市场。香槟的销售得到了很大的促进，并在欧洲、美洲及亚洲攀升至高峰。香槟在印度、中国和巴西的市场上越来越红火。

从 1936 年开始，勃艮第的 AOC 区域从马贡地区西部的布衣 – 飞仙

---

[1] 记者弗朗索瓦·萨尔于葡萄酒论坛《三分卢瓦尔产区的葡萄园》报道，2015 年 11 月 12 日。

（Pouilly-Fuissé）产区一直扩增到了欧塞尔产区东南方的圣布里（Saint-Bris）产区（2003年）。在总共29 500公顷的葡萄园中，有2.5万公顷被划分为84个AOC产区。2015年7月4日联合国教科文组织对勃艮第"Climats"（微气候）概念的认证使其获得了国际性的关注。借用联合国的说法，勃艮第的"Climats"概念包括了"夜丘及博纳丘的山坡和丘陵上被仔细划分的葡萄田"。"文化景观"也同时被UNESCO列为世界遗产，"它包含了两方面元素：第一组成部分涵盖了葡萄园及相关的酿造单位，博讷地区的村庄和城市；第二组成部分包括了第戎市历史性的市中心。这里体现了Climats系统建立的政治推进作用"。土壤学的内容也被加入这场政治性的活动中，让全球的美食家们都能更加完整地看到勃艮第的全貌。

葡萄酒爱好者的诞生

于是，葡萄酒迎来了蜕变：良好的品质满足了消费者寻求优质生活的需求。现在，我们终于迎来了美酒的时代。

胶片电影《葡萄酒》（ODF，制作于1950年前后，"由从1923年开始就面向全法销售精品葡萄酒的尼古拉斯公司为教学而提供"）的末尾，向人们展示了如何饮用葡萄酒：香槟要在很冰的时候喝；勃艮第红葡萄酒要在温和的温度下饮用；波尔多的葡萄酒则需要提升至室温饮用。作为一家之主（或者是一家主妇）首要的是让一家人过上好生活，这意味着要保证生活中有好的葡萄酒……反之亦然。

自19世纪60年代法国小说家、评论家雷蒙·杜梅（Raymond Dumay）

的第一部作品（1967 年）问世，越来越多的葡萄酒指南出现，教人如何选酒饮酒。内容涉及如何在餐桌上饮用，如何搭配菜肴等。大型媒体推出相关特刊，不少葡萄酒集市也组织了品酒活动，提供关于品酒的信息。这些美味之旅变得越来越普遍。

所有关于品酒的知识

我们进行了一场谢韦尔尼 2010 年份葡萄酒的品鉴竞赛……在室温下，它散发着黑橄榄般的成熟水果香气，带有一点点咸味，还有苦味。更凉一点儿的时候，这款酒自由地散发林中及灌木丛中点点草莓的芬芳，间杂部分动物香气，随后还有巧克力、水果蛋糕上的樱桃，好像还带点微妙的木料香气。醒开后的这款酒带一点烧烤的味道，入口有点油腻，单宁圆润带来不错的平衡感，可以尝到黑樱桃的味道，余味很清爽……①

美食美酒带来了餐厅菜单上翩翩起舞的味觉体验：这里有一瓶 2009 年份的老藤诗南葡萄酒，产自旺多姆丘（Vendômois），可以搭配蘑菇和蜗牛；一瓶 2003 年份的布尔盖伊（bourgueil）葡萄酒用来搭配炖蔬菜；一瓶 2005 年份的安茹红葡萄酒用来配奶酪（古达、百福、康泰奶酪等）；还有一瓶 2005 年份的皮诺多尼斯（Pineau d'Aunis）甜红葡萄酒用来搭配巧克力慕斯。

而自然元素为美食提供了种种灵感。

---

① 《利热尔葡萄酒评论》，第十期，2014 年 6~7 月，p. 24。

花园美酒的《猩红协奏曲》①

勃艮第的红葡萄酒有着罕见的精致和优雅。它的酒体轻盈，单宁如天鹅绒般柔滑。不像其他酒那样如红墨水般泛紫的酒色，它如红宝石般的颜色给人一种高贵的感觉。红色水果般的香气让人想起黑醋栗、覆盆子、成熟的草莓还有酸樱桃。

充满馥郁香气的口感随着时间散发出更多的花香，像是红玫瑰、牡丹还有其他各种不同的香气。

时而短促，时而让人迷醉，黑皮诺的乐章音调在逐步增强，这是一曲香气的协奏曲，从内里去震撼我们的味蕾，让人留下一抹猩红的印记。

对美味的追寻，就像人们曾经步行在葡萄酒商路、参加各种博览会、学习酿酒学的课程或者是抒写文学作品那样，是对美好生活的圣杯不懈的追求。喝好酒成了法国中产阶级的一个新的象征。喝醉酒被人们认为是"不可救药"和可悲的。醉酒这一行为从 20 世纪 60 年代开始就成了全社会系统性针对的问题，而现在已然被认为是不懂得生活的表现，是一种要避免的粗鲁行径。高雅的人再也不会支持这一种行为。

美食家的形象②

美食家们现在不再关注分量，他们自己也不再以一餐中有多少道菜、多少瓶酒来判断一顿饭的价值。消瘦、优雅、年轻感的葡

---

① 勃艮第波马尔酒庄花园中的告示，2015 年 6 月。
② 埃米耶·佩诺，《葡萄酒的味道》，巴黎，杜诺出版社，1980。

萄酒一般都要 40 多（欧元），这样的价格在餐厅消费一点儿都不突出。如果要吃一顿更朴素的饭，那就得避开那些有着好听名字的菜肴和贵的酒了。如果在一顿饭里有着美国龙虾和德米多夫乳鸡，那么你就不难听到大伊索园还有红颜容葡萄酒的名字跟菜肴放在一起了。要搭配肋排，不妨来一瓶沃内园（Volnay）的葡萄酒或是梅多克的中级庄。这样搭配账单也不会太贵，如果餐厅还很注重自己的名声，从酒窖到厨房都得变得战战兢兢。曾经有这么一家餐厅，而它确实也获得了不错的名声。

所谓的酒徒从此变成了葡萄酒爱好者。他们会去结识专业人士来完善他们的葡萄酒知识。例如参加专业的葡萄酒评选就是很好的途径。每一年都有着像"全球西拉葡萄酒评选""全球麝香葡萄酒评选""全球起泡酒评选"等活动举办。其中最受人瞩目的是"全球霞多丽葡萄酒评选"：2015 年有超过 40 个国家参与，收集了超过 900 款酒，聚集了超过 300 位评委，其中 55% 为法国之外的品酒师。另一个例子是每年都在勃艮第由葡萄酒骑士襟章会举办一场"Tastevinage"（勃艮第品酒骑士团）品鉴会。从 1950 年开始，"Tastevinage"品鉴会就以寻找符合风土特色和当年年份特征的勃艮第葡萄酒为主旨，以表彰酿造出葡萄酒质量优异，对消费者有保证的葡萄酒生产商。"Tastevinage"品鉴会的评选过程十分严格，只针对勃艮第的特级园葡萄酒开放：红葡萄酒、桃红葡萄酒、白葡萄酒以至起泡酒，还有博若莱的村庄级葡萄酒都可以送评。2012 年，在伏旧园举行的两次评测中，有 250 位品酒师（葡萄酒骑士襟章会的高层、有名的葡萄酒爱好者、著名的酒农、酿酒师、餐饮行业从业者、酒商、反诈骗协会成员等）对超过 1 700 款酒进行了测评。

1970 年以后葡萄酒行业的潮流趋向了酿造越来越多的精品及高质量葡萄酒，这也损害了正常流通的葡萄酒。一开始是反映在出口方面（北美市场），精品葡萄酒在法国获得了越来越多的富有并追求美味的消费群体的青睐。"这是一场理想的胜利：是葡萄酒的价格，品酒师以及大众健康的胜利，我们要少喝酒，喝好酒。"

葡萄酒的熔炉 ①

阿尔萨斯（提高声调）：从雷司令到琼瑶浆，再到用灰皮诺制作的冒着奶油香气的起泡酒，融合协会的成员们开启了一个法国最美的产区！

博若莱（拨开起泡）：圣爱村！这葡萄酒有着牡丹、桃子和红色水果柔和的香气……太典型了！呃。

风磨村，复杂，有结构。香气里面透着樱桃或是紫罗兰、香料，还有松露和麝香的气息。

花坊村！优雅、精致、有质感。香气里面有鸢尾花、紫罗兰、玫瑰……就像一首诗一样！

罗纳河谷（拨开起泡）：孔得里约葡萄酒配上山羊奶酪……我太爱孔得里约葡萄酒了。一瓶用维欧尼酿造的葡萄酒……

经常饮酒的人，像那些每顿饭都要喝酒的人一般正在老去和消失。但法国国家葡萄酒行业办公室 ② 的一项从 80 年代开始的调查发现，偶然

---

① 漫画《葡萄酒的熔炉》，竹书房出版社（Bamboo Éditions），2014—2015。

② Onivins，法国农渔业局下属官方机构。——译者注

会喝酒的人数量正在持续增加。我们正处于葡萄酒消费行为的历史性转型期。全法国从 2000 年开始，12~45 岁的人口中只有 17% 的人是每天都会饮酒的。然而在 1980 年，这一数字达到了 41%。

不同的日子人们所喝的酒也不一样。平日里，葡萄酒的消费量占了 80%（啤酒为 20%）。而到了周末（包括周五、周六和周日）啤酒的份额上升到 37%。特别是烈酒消费增长最明显，达到了 29%。

法国人越来越习惯买按杯售卖的葡萄酒：在餐厅里，按杯卖的葡萄酒可以占到年利润的 39%（2012—2013 年）。如，有 1/5 的葡萄酒是通过杯装出售的。2/3 的葡萄酒爱好者因此得益，可以在餐厅用餐的一顿饭中品尝到不同的葡萄酒，这更是优化了餐酒搭配的体验。

学习品酒不仅仅是一种纯粹智力上的活动，它是一种通过记忆所喝过的酒，靠自己的知识来选酒的一门学问。当然也不要过分地将其理性化，因为太过理性往往会变得让人十分厌烦：就像卡德摩斯（Cadmos）的传说一样（这段传奇也造就了波尔多传奇的 "勇者之酒"）。卡德摩斯建立了忒拜城，与市民订立契约进行了十分明智的民主管理。然而几年以后，这座城市陷入了死亡的边缘……因为太让人厌烦了。这之后，妇女们也开始到处找乐子，卡德摩斯的第二个儿子给城市带来了过度饮乐的酒神狂欢庆典。这座城市找回了它的灵魂，伴随着放纵的热情，人们相互交流各自的情绪：巴克斯成了众人之间的连接。而品酒也有了这样的自然属性：分享乐趣，促进和谐。

如今，懂得分享是一种品格。超过一半的女性从来没喝过酒，准确来说是 "滴酒不沾"。而另一半则成了非常优秀的葡萄酒鉴赏家。

女性：从饮酒者到品酒师

长久以来，葡萄酒是男性的专属品。在男性的世界里面，对工人来说，葡萄酒是一种食物；对贵族来说，葡萄酒是一种文化。只有不守妇道的女人，像色情服务者或者是交际花，才会公开地饮酒。这样喝酒的女性都是十分悲惨的："很快我们就会来到娜娜的篷车里。今天她向每一位朝她打招呼的人倒上一杯香槟……娜娜周围的人越来越多了。现在拉法卢瓦兹在忙着斟酒，菲利普和乔治则拉朋友到这里来。整个草坪上的人都拥过来了。娜娜对每个人莞尔一笑，说一句逗趣的话。一群群酒鬼都向她这边走来，分散在各处的香槟酒都集中到她这里。不一会儿，草坪上只见一群挤在她周围的人，只听到一片喧闹声。她俯视着那些向她伸过来的酒杯，她的金发在空中飘荡，她的雪白的脸蛋沐浴着阳光。为了气一气那些对她的胜利感到气愤的女人，她站在高处，举起斟得满满的酒杯，摆出过去扮演的胜利者爱神的姿势。"左拉笔下的娜娜并非完人，当她不懂得如何选酒的时候，也只能够让侍应生代为选择："要莱奥维尔酒还是香贝丹酒？"一个侍者把头伸到娜娜和斯泰内中间问道，这时，斯泰内正在悄悄与娜娜说话……她把话停下来，对站在她身后拿着两瓶酒的侍者说道："莱奥维尔酒。"然后，她放低嗓门继续说话。

在过去的一个世纪中，部分女性开始接触到葡萄酒。我们甚至还开始讨论起"贵妇之酒"。所以被誉为"美食之王的"夏尔·蒙瑟莱（Charles Monselet）也开始对波尔多和勃艮第的葡萄酒用性别来划分：

用来称呼波尔多葡萄酒的，需要用"她"

而对于勃艮第葡萄酒，则使用"他"

......

他有着骄傲而超脱的神色！

如草坪上的虞美人一样出众

他的香气为他带来荣誉，

而她的光彩则更为低调，

笑得十分妖艳

波尔多葡萄酒，她是女性。

只有葡萄酒爱好者们会持有这样的观点，然而很快地葡萄酒业也开始女性化。饮酒的行为也变得有点色情：肉体、肌肉、皮革、胸花、亲吻还有爱抚等词汇让饮酒这一行为变得很奇怪。14世纪的厨神纪尧姆·蒂雷尔就将酒桶里的葡萄酒与女性的职业联系起来："当酒溢于酒桶表面时，就像20岁左右的女孩子一样，有着远大的发展前景；当酒来到了泥槽中，就像一名女子来到了她的成熟期；当来到酒罐底部的时候，葡萄酒就像过了30岁的女子。"19世纪时，这样一套"淫酒"的词汇被确定下来。

除开这些淫秽的隐喻，传统上男人认为葡萄酒是属于他们的东西。所谓"真正的"葡萄酒都是由男人主导的："有人说女人不能够再看管和品尝葡萄酒了，她们不能将这个政治和伦理的问题继续深化。对于香槟来说，无疑它的气泡和酸度让它成了取乐的酒。但我们伟大的波尔多和勃艮第葡萄酒就得到这样的评价吗？经验给我们的答案是：是的。"这些观点提出了一个非常之严肃的社会机制，但对于19世纪来说并没有什么奇怪的。直到蓬皮杜夫人出现才提出了："香槟是唯一女性可以自由饮用而不至于变得丑陋的酒。"画家保罗·查尔斯·肖卡纳·莫罗于

1885 年创作的画作《用餐的妇人》（*Dîneuses*），向我们展示了两位夫人"相伴"在午餐上饮酒的场景。她们正准备食用一款装点着柠檬让人口水直流的甜点，旁边还配上了一杯冒着气泡的香槟。她们穿着深沉而朴素的衣服，跟她们的食欲做出了强烈的对比，当然画作所表达的也是对美食的赞美。

而歌曲所传达的信息则更为通俗易懂，它告诉我们，酒精也能够带给女性快乐，女性也在为此抗争：

> 有些女人很开心
>
> 当我们向她们吹口哨
>
> 还有其他人不高兴
>
> 因为她们没有钱
>
> 我可以在每个人面前说出来
>
> 有一件事可以治愈我的烦恼
>
> 可以让我更像一个吉伦特人
>
> 这就是一小杯波尔多酒
>
> 当我喝了我的小杯波尔多酒
>
> 我看到的一切都变得更加美丽
>
> 我又醉了
>
> 当然我喝不下一整桶酒
>
> 但一小杯永远不够
>
> 这让我醉了
>
> 我不担心那些烦心事，那些船
>
> 连向我举着牌子的人都不怕

想跟着我

我知道如何留一个女人

当我喝了小杯波尔多酒

……

当我喝了我的小杯波尔多酒

我的头脑像椋鸟

我有着梦幻般的梦想

我忘了大脑里的一切

爱带来了新的乐趣

没什么被夺走

一切都闪耀着，看起来更美丽

我的神经在我的皮肤上流淌

谁能抬我起来

我比麻雀更快乐

当我喝了我的小杯波尔多酒

　　对于女性来说，好酒的定义是甜的葡萄酒、利口酒和自然甜酒。在《小酒馆》这部电影中，女主角叶薇丝（Gervaise）第一次在哥伦布老爹的酒店里遇见男主古珀（Coupeau）的时候，就喊出了："这喝得也太糟了吧！"然后就开心地喝起了白兰地酒，还把调酒的方子留给了古珀，上面列出哪些酒会害他生病。

　　有人建议女士们饮用一些有保健作用且开胃的葡萄酒。在 19 世纪末期，这样的酒算起来差不多有近百款，它们几乎一样，都是基于金鸡纳、古柯或者可乐果制成的。1903 年在巴黎举行的第一届全国反酗酒大

会上提出了对女性饮酒倾向的担忧。19世纪末期，上流社会的酗酒问题
已经在一众名媛的身上显现。有证据显示女性在饮用香槟时尤为放纵：
"在所有的女士中，我们可以看到名媛们在晚会中饮用香槟的量达到了
一个可怕的程度。"她们声称这样的晚会是"让人愉悦的"，但实际上她
们都处于醉酒的状态。有歌曲唱出了这样的状况：

> 我是酒鬼①
> 我告诉那些伤害我的人
> 放下你的哀悼之气，
> 因为香槟是万恶之源
> 如果有时玛丽安会出现在我的眼中，
> 然而我发现她仍然是愚蠢的
> 想隐藏她的醉意，
> 生气并不是一种罪行
> 同样喜欢酩悦香槟也不是种错。

　　某些上流社会的女性喜欢在下午5点的下午茶时喝点儿"顾美
露酒"，这是一种产自俄罗斯的利口酒，它混合了马德拉酒、波特
酒，甚至还有雪莉酒和孜然。鸡尾酒的第一次出现是在英国未来的国
王——"英勇的爱德华"在巴黎的时候，"美丽时代"的到来很快掀起
了一股时尚风潮。在城里享用早餐的时候，人们就开始饮用"鸡尾酒"。

---

① 1890年8月，在妹妹的婚礼上，伊芙特·吉尔伯特（Yvette Guilbert）利尔日的花
　神演唱厅第一次演唱了这首歌曲。

这种令人兴奋、让人迷醉的酒来自美国。它是由好几种酒调配混合而成的。将苦艾酒、苦露、威士忌或者干邑、杜松子酒或者香槟放入摇酒壶中摇混即可。鸡尾酒可以用多种酒混合，但饮用它的时间和地点却很少改变：在第一次世界大战后，鸡尾酒这一词汇还成为我们喝这样一种混合酒的场所的代名词。

在某些地方，孩子们从小就开始被教育如何好好地饮酒。作家科莱特（1873—1954）的一生跨越了两个世纪，经历了"美丽时代"及那些疯狂的岁月。她出生于勃艮第的圣索沃尔-昂皮赛（Saint-Sauveur-en-Puisaye），她自幼就接受了一套良好的教育：她继承了一座父辈传下来的酒窖，有母亲在身旁手把手地培养，并且从小与纯粹的美酒相伴。她与酒的初识始于南部的一款甜酒——麝香葡萄酒。然后，她开始接触到波尔多的红葡萄酒中，她最喜欢的是玫瑰庄园以及拉菲古堡的葡萄酒；而波尔多的白葡萄酒中，她最爱的是滴金酒庄的贵腐酒。当然，她所喜欢的酒里面不排除还有香槟，和最好的勃艮第夜丘葡萄酒——香贝丹或者科通葡萄酒。当然那时她对饮酒和自己欣赏喜欢的酒总是保持着克制。然而随着年龄增长，她所喝过的酒自然也变得越来越多。

祝福那些与纯美之酒相伴成长的孩子[1]

在我还没到3岁的时候，我的父亲——一个进步主义支持者，就给我喝下了满满的一杯金褐色的酒，这杯酒产自他的故乡福隆提尼昂。它像是一杯阳光，有着强烈的感官冲击，唤醒了新生的味蕾！这杯神圣的酒开启了我与酒相伴的一生。

---

[1]　科莱特，《监狱与天堂》。

过了一段时间，我学会了一口喝光满杯的热红酒，热红酒里加入了肉桂和柠檬，可以伴着煮熟的栗子一起喝。当到了刚刚识字的年纪，我一点点地拼写出了那些古老而轻盈的波尔多红葡萄酒，并为滴金酒庄的葡萄酒而由衷赞叹。香槟也加入了我所喜爱的行列，喃喃地诉说着它那如珍珠般升起的气泡。在生日宴会以及第一次领圣餐的仪式上，我们用它伴着昂皮赛产的灰色松露一起饮用……

通过认真地学习，我懂得了用熟悉而谨慎的方式去对待葡萄酒，而不是乱喝一通。我会用修长的杯子饮酒，在开阔的环境中安静地思考。

11~15岁我接受了很好的教育。我的母亲害怕我随着年纪增长会变得不再单纯。她一点点地为我打开藏在家里酒窖中用干砂覆盖存储的葡萄酒——谢谢老天爷，它们贞洁得就像花岗岩石一样。我很羡慕自己，能够成为这样一个幸运的女孩。每天放学之后，我吃着零食——猪排、冰冷的鸡腿，或者是那些从木灰里拿出来的奶酪，硬得要用拳头像敲玻璃一样将它敲碎——我还能够喝点儿玫瑰庄园和拉菲古堡的葡萄酒，或是香贝丹、科通的白葡萄酒，后者在1870年被"普鲁士人"占领了。有些酒开始衰退了，变得苍白，香气就像凋零的玫瑰；瓶底覆盖着一层含有单宁的酒渣。但大多数的酒都保持着出色的香气，强劲的品质。真是美好时光！

我一小盅一小盅地慢慢喝完了父母酒窖里最好的葡萄酒……我的母亲塞上了那瓶打开的葡萄酒，凝视我的眼眸里散发出法国葡萄酒的荣耀光彩。

每顿饭不用喝那些一大碗红色水一样葡萄酒的孩子真是太幸福了。开明的父母会让孩子们奉上"纯粹"的美酒——要记住"纯粹"这个词的高贵内涵。他们会这样教育孩子：在就餐时间以外，你有井水、自来水、泉水、纯净水可以喝。水，是用来解渴的；而葡萄酒，根据它的量和出产的地方，是一种必须且奢侈的饮品，是配餐的荣耀饮品。

小说家普鲁斯特笔下的"花季少女"们是那样的纯洁和拘谨，年轻的科莱特已经懂得了很多敏感的体验。第一次世界大战之后，允许女性就桌饮酒才隐秘地慢慢被人所尊重，但仅限于贵族家宴中喝开胃酒和享用甜品的时段。"那些喝着我们的酒的女性不再胡言乱语"，埃米耶·佩诺在两次战争之间的报告中指出，"'品酒'这个词不应该继续拒绝女性消费者，酒神的女祭司们的喃喃醉语很早就消亡了"。对于这位伟大的酿酒师来说，很需要像科莱特这样的女作家去书写这样的句子："给我拿着的酒杯满上。一杯简单而精致的酒，带着轻盈的气泡，激起了勃艮第伟大先祖沸腾的热血。滴金园酒色如黄玉，而波尔多红葡萄酒则红如宝石，时而泛紫，飘洒着紫罗兰般香气。"

在一家酒商的资助下，科莱特为他们品牌的葡萄酒写了一份赞美的报告。她动情地解说自己如何赞赏南法的葡萄酒，这些酒和勃艮第葡萄酒用同样的橡木桶，散发着迷人的香气。作为一名自由女性，她敢于与当时著名的葡萄酒鉴赏家、另一名作家加斯东·鲁普内（Gaston Roupnel）展开辩论。她夸奖那些酒商混酿制作的葡萄酒，而加斯顿则捍卫本地的单一园葡萄酒："别在酒桶旁边指手画脚，科莱特说她喝的都是勃艮第葡萄酒……别被那些歌曲愚弄了，科莱特！多么蛊惑人心的言论，那些酒桶常常发出骗人的声音。我知道有些酒庄吹嘘他们的酒就跟勃艮第一样。我太怀疑了：我都听出他们那著名的南法口音了！"品牌葡萄酒和单一园葡萄酒之间的争论就这样开始了。它由一名女子所引起，这对葡萄酒来说是种莫大的荣誉。

"法国葡萄酒的荣誉"①

葡萄和葡萄酒有着十分神秘的色彩。在植物王国里，只有葡萄能够让我们认知土地真实的味道。它所表达的土壤多么真实！它通过葡萄果实去感受，去诉说那片它生长的土地。通过那燧石的味道，我们知道这片土地是怎样充满生机，富有营养。石灰质的土壤给酒带来眼泪，那金色的"酒泪"。一株葡萄，穿越过山与海，为保持自己的个性而抗争，不时以其强壮的矿物质感赢得胜利。那些阿尔及利亚的葡萄，年复一年地生长在高贵的波尔多砧木上，出产着甜度刚好，轻盈又让人愉悦的白葡萄酒。而远方的马德拉酒，它的葡萄出产在那些狭窄的岩石平台上，并在沙龙堡（Château-Chalon）慢慢成熟，成为一款色彩浓郁、温暖而又甜美的干型葡萄酒。

在科莱特死后，女性"饮酒的权利"被与性别平等抗争的声音联系起来。最开始在那些受影响的人家里："一瓶平淡的劣质波尔多葡萄酒，是我最讨厌的东西。我要喝的葡萄酒应该是强劲有力且顺口的。应该是一瓶适合宴会喝的酒，一瓶能用于庆典的酒，而不是那些治疗昏睡症或是头痛的药酒……"世界报的一名记者曾这样写道。然后在一篇公开的匿名文章里写道："奉行享乐主义，我通过美食来到葡萄酒的世界。而

---

① 科莱特，《监狱与天堂》p. 51-53。

现在，我已经不能离开两者之一来描绘这一世界。我有着向我的同行者分享的热情。我们热爱走向发现美酒的路途。"

流行病学家和社会学家在 20 世纪末所做的研究多了很多，并观察到许多关于"性别"的饮酒消费。有 2/3 的人宣称自己不喝酒，且很多为女性。其他的人会周期性地饮酒，饮用的数量也少于男性。男女的饮酒消费曲线逐步靠拢：1992 年 12% 的女性会每日饮酒，而男性的比例为 36%；到 2010 年，日常饮酒的人数比例下降到 18%，而女性消费者依然占 8%。

女性为饮酒带来了新的方式，例如餐前喝一点儿开胃酒。她们带着情绪、以感性的语言去谈论葡萄酒。在她们购买葡萄酒的时候，她们更在意包装且会寻求售货员的建议，不同于男性会在自己并不了解的情况下购买。"在现代的销售贸易中，从统计数字来看，大多是女性为家里去购买葡萄酒。喝酒的时候，男主人对着一瓶不知名的酒感到困惑时，释放给妻子的是一个（他不懂酒）的信号。为了不尴尬，他只好胡说一通。我可以向你保证，在尝到木塞味的时候，这种复杂的心理活动同样存在。我们需要承认的是：如果没有女性的品位，今日我们伟大的葡萄酒和我们伟大的葡萄酒爱好者群体将会很不一样。"那么，女性是否将会在这一方面取得话语权呢？

饮酒的儿童教育

丹麦小说家凯伦·白烈森（Karen von Blixen-Finecke）的小说《芭比的晚餐》（1958）在 1987 年由导演加布里埃尔·阿克谢（Gabriel Axel）搬上银幕，更名为《芭比的盛宴》。故事讲述了一名法国女厨师离开了巴黎，逃难到挪威并借住在一对虔诚奉行禁欲的姐妹家中。

为了报答姐妹俩和她们的朋友，女厨师精心制作了一顿晚宴，并挑选了好酒来让她们品尝。

"他们围坐在桌子旁。嗯，不就像我们在婚礼和典礼上做的一样吗？但餐前祷告后喝的酒，比起以往要多得多。

"芭比的'热情'斟满了每个酒杯。客人们严肃地将酒倒入口中来坚定他们的决心。勒文耶尔姆将军对这酒有点怀疑。他小吸了一口，停一下，然后举起杯子放在鼻子下，然后再举到眼前：他惊得有点呆住了。这太奇怪了，他想到，这是一款阿蒙提亚多酒①，这是我这辈子喝过最好的阿蒙提亚多酒。"

………

"侍者再一次斟满了宾客们的酒杯。这一次，弟兄姐妹们意识到给他们倒的并不是葡萄酒，因为这液体正在冒着泡：'这应该是一种柠檬水。'这柠檬水真是完美，让大家的内心兴奋起来。感觉像是让大家离开了地表，进入了一片纯粹空灵的空间。勒文耶尔姆将军喝光了杯中琼浆，然后转向身边的人说道：'这一定是一瓶1860年的凯歌香槟！'身旁的人给了他一个友好的微笑，并谈论起了天气。"

---

① 一种西班牙雪莉酒。——译者注

第十一章
新葡萄酒

　　贸易全球化并没有导致品味的标准化。相反，全球化刺激着人们的大脑神经，让人们的味蕾都兴奋起来。总之，贸易全球化推动了创新。《罗马条约》（1957年）标志着通过商品竞争促进思想交流的第一步，随后人们建立起了一个普遍性的农产品交易市场（1965年）。法国继承了20世纪30年代所建立起的葡萄酒产业体系，是唯一建立起国家性葡萄酒市场组织的国家，成为欧洲法律体系的标杆。日常饮用的葡萄酒被归类于"日常餐酒"，而优质的葡萄酒则被归类于VQPRD级别。它所建立的商标标准，种植体系，关于包装和蒸馏方面介入的手法，与欧盟以外国家的贸易流通体系成为欧盟法律体系的典范。

　　在欧盟建立及《马拉喀什协定》签订后，贸易自由化以及商品全球标准化得到了发展。阻碍竞争的官方补助金被取消。商品的地理标记得到了保护。世界贸易组织克服了种种技术上的障碍（标签、标准等）。然而，关于葡萄酒的特殊义务伦理学却让这种饮料带着真实又迷幻的色彩，优秀风土所诞生的葡萄酒在这个社会重利主义思潮的主导下觅得一席之地。法国建立了义务伦理学，葡萄酒中的风土理念助推了这一学说在全球范围内获得人们的尊重。

风土模式

在生产商的广告中和消费者脑中，产出葡萄酒的土地变成了所谓的"风土"。风土一词变得越来越神奇，和葡萄酒的质量等同起来。这是一种文化层面上的致命武器，用来对抗那些想要进入欧洲葡萄酒产业的人。

其实，风土这个说法出现在中世纪。它被用来描述一片"村落"的农业土地。16世纪的人文主义代表人物除了诗人赫西俄德、科鲁迈拉，还有维吉尔这样的学者，会乐意给大众普及这个概念，其他人对此都不怎么感兴趣。在农学家利埃博（Liébault）和艾蒂安（Estienne）夫妇的著作《乡野之家》（1586）中，他们认为食物和葡萄酒都拥有"体液"，可以保持身体健康。葡萄酒可以保持体液的平衡，但一定要饮用那些当地产的葡萄酒，因为"不同的风土各不相同"。但到了17世纪，封建王朝建立，风土却成了一个贬义词，意思跟"农民"一样。"有着风土的味道""感受到风土"听起来就觉得很跌份，被上流社会所排斥。在菲雷蒂埃于1701年编撰的《词典》中，他将普罗旺斯人比作"土味害虫"，因为他们的口音听起来很没有礼貌。到18世纪的启蒙时期及法国大革命时期，风土这个词重新变得优雅起来。它描述的是某片土地上所居住的人们的原有特质。从那时候开始，风土帮助人们定义国家身份。19世纪，风土的概念被区域化，并成为民俗学者们常用的描述性词汇。风土概念让社会对葡萄酒有了态度，习惯和特殊的思考。

20世纪随着对原产地命名的研究加深，风土被明智地表述为：某个原产地上独一无二的地理及土质元素（土质、颗粒度、土层厚度、天然矿物质、化学成分等），地形学元素（海拔高度、坡度、朝向），气候学元素（降雨量、温度、日照），还有与之相关的人类活动——像葡萄品种的挑选或是种植葡萄的模式等。

风土概念在辨别地理、人文、社会性的划分上走过了很长的一段历史。农学家奥立维尔－赛尔在 1601 年就已经意识到自然是受文化所控的："农业的基础是认识我们想要耕作的土地的自然一面。"而常常是消费者将这一行业抬举到需要划分产地的地步。

以西南产区为例。从中世纪开始，波尔多葡萄酒拥有的优势保证了它在贵族们所饮用的酒中有着超然的地位，那些在加龙河及其支流的河畔葡萄园耕作的种植者，被称为"高地"生产者。这里也诞生了第一个有明确限制的风土概念，波尔多的"克拉雷葡萄酒"（Clairet）。随着荷兰商人的到来，白葡萄酒的生产开始兴起，部分白葡萄酒会被用于蒸馏，像是那些两海之间产区生产的酒。另一些则会被酿造得甜一些，像那些苏岱产区的葡萄酒。到 17 世纪，波尔多的葡萄园有了普通农民生产的日常饮用葡萄酒和贵族庄园里面生产的更"出色"的葡萄酒，而这样的庄园通常位于梅多克地区和格拉芙地区。随后便出现了著名的 1855 年分级制，将葡萄酒按庄园划分，以促进市场的发展。1999 年 12 月 5 日，圣埃米利永的老城被列入联合国教科文组织的世界遗产名录。它的分级制度同时成为突出这一产区的"地方性"及"文化风景"的唯一和广泛的见证。赤霞珠和梅洛两个品种成为世界上最广泛种植的葡萄品种。但各地的相同葡萄品种并不会彼此混淆，因为风土的差异是无法忽略的。

在勃艮第也是同样的情况。勃艮第的"clos"概念来自中世纪的贵族领地划分。伏旧园（Clos de Vougeot）就是所有葡萄园景观里的模范。而它在 2015 年被收入世界遗产名录也证明了这一点。

　　很快地，经济领域认识到风土化带来的挑战。"二战"之后，风土这一概念很快被应用起来。1936 年成立的 INAO 也展开了行动。INAO 的专家通过一系列标准，划分出了能被定义为 AOC 等级的地块所需要的条件。风土概念被定义为："一块有着地理、土质、气候特殊区别的地理区域，可以出产原生的、典型的、可以区别于其他产区的葡萄酒。"

　　从 20 世纪 90 年代开始，人们的认知有了巨大的转变。"风土产品"的概念被扩展至其他的食品，还充分考虑了人在其中所起到的作用。于是，风土概念被牢固地根植在自然和文化之中。INAO 对"风土"的定义为"一片限定的地理空间，人们组成的社群在长久的历史里建立起了一套集体对生产的认知，这套认知基于物理及生物的结合，集合了人们为了凸显原生特色而开发的社会技术路线，这一理念给予了产品的典型性并催生了这一风土的原生产品的声誉"。这一定义很快被葡萄与葡萄酒国际组织（OIV）采用。我们甚至还讨论起"社会—风土"的概念。这是在品种葡萄酒和风土葡萄酒的斗争中占据一席之地的重要手段。

　　地理特征的不同确定了风土的独一性。话题又回到了本土化与全球化之间的抗争。像是葡萄酒旅游这样的项目，就体现了风土的社会性一面：风土的概念以"葡萄酒之路"的形式来到了社会的展台上。第一条"葡萄酒之路"于 1953 年出现在阿尔萨斯，那时法德之间的领土争端才刚过去不久，所以阿尔萨斯的葡萄园是带有政治性的。半个世纪以来，阿尔萨斯葡萄园明显地朝着沃日山脉扩张，而这里出产的葡萄酒也得到了质量上的提升：1962 年这里被划分出了 AOC 种植区域，像西万尼这样普通的葡萄品种种植减少了。生产葡萄酒的酒商打开了出口市场。在不同的旅行指南组织下，葡萄酒之路带着诗情画意的风格连接起多个村庄，历史与自然的地理风貌相互掺杂。举个例子，阿尔萨斯有着最古老的葡萄酒商路之一："你会看到绵延数公里用于保护葡萄酒的干石围墙；你会走过石灰质的地面，这里有或红或黑如沥青般的大块板岩；这里有着砂质、花岗岩质、细砂质，以及黏土、碎石、砂岩以及马恩质等土壤，还有间杂着黏土和燧石，石头和玄武岩等的各类土地。你会游历各个不同的时代，从古希腊的城市，到叠加在其上的古罗马人建筑，最上面的是聪慧的本笃会修士们留下的陶罐，那归属于罗德圣父（Sant Pere de Rodes）那间雄伟的修道院。"在独一无二的风景里将自然与人文结合是人们对葡萄酒应有质量的期待。

穿梭于所有产区的"葡萄酒之路"有着必不可少的一环：品酒。有时候那些最优秀的酒庄也会为人们打开大门，像是波亚克的木桐酒庄，又或是勃艮第的波玛酒庄等。景色、工艺、工具、技术、历史、人与产物在此可一一纵览。2003 年，在世界最重要的葡萄酒博览会之一——波尔多国际葡萄酒及烈酒展览会（Vinexpo）上，风土旅游国家联盟成立了。体验风土成了旅游的目的，而葡萄酒成了本土特色的一环。

当然，国外也是如此。葡萄酒旅游以法国为样板获得了巨大的发展。在加利福尼亚州、西班牙、澳大利亚均出现了葡萄酒旅游路线和品酒中心。有时候，欧洲移民在异乡的成功故事，被绘声绘色地以剧本的形式展现给人。而承载葡萄酒文化的纪念品形式也十分多样。数以百万计的游客拿着托斯卡纳基安蒂特色的酒瓶回国，这种套着稻草篮子的酒瓶相传是米开朗琪罗所设计。就算是为了休闲，只在葡萄园间走走也挺好，走在杜罗河谷或是托卡伊的田间欣赏美景是很多游客的选择。

如果不想动的话，我们还可以通过屏幕来一场葡萄酒旅行。像是电影《葡萄酒世界》（Mondovino），或者是电视节目专家演员皮耶·阿帝提（Pierre Arditi）所拍的《葡萄酒之血》都是不错的选择。

因此风土成了一种文化象征，甚至我们敢说它成了一种印记。"葡萄酒的风土对生产者和消费者之间的联系有着持续而深入的影响，对于生产与销售同样如此……它成为农业危机、食品危机、身份危机这三个问题的一条出路。它将会是全球化未来的一个缩影。"

全球化的消费

法国不再是全球的葡萄酒消费冠军，美国才是。但法国依然在葡萄酒出口方面领军，在葡萄酒进口方面也保持不错的地位。因为葡萄酒消费正以活跃的姿态变得全球化，这颗星球正迷醉在酒中。

葡萄酒文化在新世界获得了广泛传播。两方面的因素刺激了这一现象的发展：葡萄园面积的扩张，与葡萄酒贸易流通的加强。作为古老的欧洲葡萄酒强国，法国确确实实将它的知识，有时还投入人力资源去催生新兴的葡萄园，并将它的葡萄酒文化推广至全世界。但他乡的葡萄酒，也像回旋镖一样回到了法国。

特别是在加拿大，葡萄酒的"新前线"正在形成，它正变得更有新意。在英属哥伦比亚省（欧肯纳根河谷），1990年只有17家酒庄；25年后酒庄数量达到了273家。安大略省（占了加拿大70%的葡萄园）还成为世界上最大的冰酒产区，种植的白葡萄品种有霞多丽、雷司令、琼瑶浆，以及红葡萄品种黑皮诺、佳美和西拉。而在魁北克，从法国殖民时期遗留下来的经验一直在传承。20世纪80年代末，蒙特利尔的东南部才建起一座小的葡萄园：这是一个勃艮第人建立的品牌奥派勒伯爵酒庄（L'Orpailleur），酿造一些用晚收葡萄酒酿造的低端葡萄酒。今天魁北克集合了120家酒庄和200位酒农。每5年这个数字就翻一倍。酒农们直接在酒庄里出售他们的葡萄酒，这是魁北克酒精饮料协会（SAQ）的传统。协会诞生于1921年，然后成为加拿大酒精饮料销售的寡头，而它的成立跟美国禁酒令发布处于同一时期！协会的任务是进口法国的葡萄酒以供当地居民饮用。SAQ有着差不多10 500款产品，并且在全球有2 500家供应商，31%的葡萄酒来自法国，甚至在蒙特利尔商店的货架上，我们都能看到佛雷丘的葡萄酒！

　　1783年独立的美国，在19世纪初期错过了葡萄酒业发展的革命。但在大批欧洲移民，特别是德国移民来到美国后，他们让这个国度的葡萄酒产业焕发了生机——其中法国人最为低调。在最近的一个世纪里，他们逐步建立起了高品质的葡萄园。不幸的是，禁酒令的出台摧毁了这一切。甚至人们会说，美国的葡萄酒产业至今只剩下40年的历史。现在几乎所有的州都在生产葡萄酒，从赤道附近的佛罗里达州，到靠近加拿大国界的华盛顿州均有葡萄酒产业分布。然而美国最主要的葡萄酒产区是加利福尼亚州。某些纳帕谷的产区，如索诺玛县和门多西诺两地的行业协会也开始在全球的出口市场上蠢蠢欲动。不同于法国人的传统，比起原产地及酒庄分级，美国人更看重葡萄品种及品牌所扮演的角色。葡萄被认为是酿造的原料，由真正意义上的"葡萄种植者"出售给酒庄，而后者则负责酿造及出售葡萄酒。对于城市的中产阶级来说，酒评家如著名的罗伯特·帕克所写的酒评很具有影响力。

葡萄酒生产与市场概况

"……那里有着以大批量生产为目的的工业化大型酒厂，不像我们在欧洲的生产方式。莫德斯托市嘉露酒厂（Gallo）的酒窖从空中看就像是石油提炼厂，它的库存可想而知是多么巨大。嘉露生产了加州一半的葡萄酒，并投入大量的广告来占领欧洲市场。它是世界上最大的葡萄酒生产者，甚至拥有自己的私人机场，占地达 3 000 公顷，跟整个莱恩高产区的面积一样。还有一片大型的葡萄生产基地设有自动浇灌系统，所有的工作都机械化进行，这片蒙特利县产区土地归属于加拿大西格集团（Seagram），它出产的霞多丽不错，尽管是工业化生产的。位于纳帕谷由德国人兴建的贝灵哲酒庄（Beringer）被雀巢公司购入，相比起来虽小，但也有 800 公顷土地。比德国最大的酒庄还要大 6 倍。"[①]

亚洲的葡萄酒市场中心在日本东京。在 20 世纪 90 年代，日本强而有力的侍酒师工会组建了专业的媒体平台，同时在 1995 年世界最佳侍酒师田崎真（Shinya Tasaki）也所引发的热潮推动下，组建了相关的专门学校。200 家进口商快速地将全球的进口葡萄酒，特别是来自法国的进口葡萄酒分销到日本的各地，甚至包括了大中华的某些地区（中国香港、中国台湾、新加坡），引领了未来中国葡萄酒市场的发展。那时候的中国还没有官方的组织，也没有葡萄酒相关的知识，酒庄的兴建也正在雏形期，没有酒评家，直到 2008 年，这一市场还未被唤醒。但到了 2008 年，中国大陆和中国香港的市场超越了日本，分别位列法国葡萄酒进口地区的第五和第六位。目前，中国葡萄酒的年消费量超过 10 亿瓶，

---

① 　摘自《世界千款葡萄酒》op. cit., p. 283。

其中 1/5 来自法国。法国葡萄酒也正在适应中国的市场口味。

中国葡萄酒消费概览

在中国，越来越多的人购买葡萄酒，用于招待客人或者送礼。消费者大多是青年或者是中年的男性，以及公务员、白领等。高级酒店和餐厅、酒吧、夜场还有官方宴席是主要的葡萄酒消费渠道。[①]人们消费的 90% 以上的葡萄酒为红葡萄酒，因为红色意味着节庆及礼品。女性消费者在白葡萄酒方面显示出强劲的消费势头。中产阶级的兴起让葡萄酒市场变得更加平民化，然而外国葡萄酒依然占了市场的大头，尽管大部分卖到中国的拉菲葡萄酒都是假货。[②]

有机葡萄酒

1987 年，联合国世界环境协会提出了可持续发展的概念。农业组织需要秉承布伦特兰报告（Brundtland）中提出的"在不损害下一代未来发展的前提下满足目前发展需求"的发展理念。葡萄酒产业正逐步地改变自身的生产方式：包括了减少农药使用，以"天然"方式耕作的"合理栽培"理念。某些人甚至走得更远，进而提出了"有机"的

---

① 源于本书法语原版出版时间时的数据。——译者注
② 纪尧姆·吉华（Guillaume Giroir），地理学教授，《葡萄及葡萄酒地图》，op. cit.，p. 158。

耕作方式。

"自然""生物动力法"等概念都可以被归类于有机的范畴，近些年来这样的葡萄酒正在改变生产的方式。生物动力法的原理脱胎于奥地利哲学家鲁道夫·斯坦纳（Rudolf Steiner，1861—1925）。它基于"人智学"的思想而诞生，这一思想于 1924 年提出，具体内容是"恢复人与精神世界的联系"。生物动力法重新审视了自然、农业活动及人类饮食的联系，摒弃了所有的化学肥料及农药，因为这会破坏人与自然之间的和谐。从 20 世纪 30 年代开始，这一农作方式在日耳曼地区（德国、奥地利）及英联邦地区赢得了不少追随者。

当斯坦纳和他的门徒普发（Pfeiffer，1899—1961）的著作被翻译成法语来到法国后，涌现了不少生物动力法方面的先驱人物，像是卢瓦尔河谷的生物动力法先驱尼古拉斯·乔利（Nicolas Joly）就率先采用了这样的耕作方式。只是它的发展很缓慢：像作家让 - 弗朗索瓦·巴赞（Jean-François Bazin）口中的"温和的疯子"——普洛（Poullot），他于 20 世纪 90 年代在勃艮第率先开始在田间植草，并只用海藻肥料来培育葡萄。

经历了欧洲农业发展大潮推动的黄金 30 年，法国的葡萄种植业出现了危机：土壤缺少镁元素，叶绿素不能合成，减弱了葡萄的合成作用。为了解决这一状况，法国生物动力法种植协会于 1958 年成立，并在 1973 年改组成立生物动力法农业工会，在 1975 年推动生物动力法栽培运动，最终在 1996 年成立了生物动力法栽培酒农工会联合体，并推出了"Biodyvin"标志。

生物动力法扩展了有机农业中简单的"避免过度榨取土地肥力"的理念，并建立起可持续的农业生产方式，尊重自然并减少土地内部的负担。所以在葡萄栽培方面，任何的化学物质都不得使用，只有对抗灰霉病的波尔多液和硫可以按照顺势疗法的剂量使用。合成的或者含钾的除草剂、杀虫剂还有肥料都被禁止。重型的农业机械也是不允许使用的。耕作中应用了宇宙的运行规律，特别是葡萄园修建时候要根据月相规律进行。施肥也必须用有机的物料实现：像用牛粪制成的肥料、马尾草纤维、荨麻或是崖柏，还有蓍草的煎剂；还有用蝴蝶灰烬来杀死葡萄藤上的蛀虫等。当然，酿酒的过程也不得添加色素、保鲜剂或是其他的添加物。葡萄藤真的变得"哲学化"了。

尽管不如生物动力法那样要求甚多，但有机农业的狂潮很快在消费者和生产者之间掀起波澜。2007年，欧盟对有机农业制定法规并给予相应的标签。到2010年，5万公顷的土地应用上了有机方式耕作，2011年这一数字攀升至6.1万公顷，占法国葡萄园面积的7.4%，而且数字一直在持续增长中。某些产区有机耕作的土地占了很高的比例，像里昂附近的胡安丘产区的有机耕作葡萄园已达30%。法国位列欧洲第三大有机耕作国家，排在西班牙和意大利之后，排名比有机理念的原产地日耳曼地区还要高。有机的葡萄酒在出口上也颇受欢迎，34%被出口到国际市场。

新葡萄酒的创新

长期以来，在传统的葡萄酒生产国家，一直有新的葡萄酒走向世界市场。像是波特酒，这一杜罗河谷的加强型葡萄酒是18世纪两位英国人所"发明"并在1756年获得世界上第一个原产地命名认证的。

在博若莱古老的土地上也诞生了一种新的葡萄酒。今天，"博若莱新酒"出口到了全球 140 多个国家，让全世界了解到这一片细小的产区。它今天的名声来自 1975 年开始运作的市场推广模式：每年 11 月中旬的同一天，城市里的人们共享新鲜压榨的葡萄酒。1975 年秋，人称"贝夏老爹"（PaPa Bréchard）的路易·贝夏（Louis Bréchard）还有热拉尔·卡纳尔（Gérard Canard）坚持不懈地推广博若莱葡萄酒，并说服了当时的法国第四共和国总理埃德加·富尔（Edgar Faure）在国民议会上通过了"博若莱新酒"的官方命名。后来成为旅游部部长的热拉尔·迪克雷（Gérard Ducray）议员为此组织了一场盛典，由著名歌手米蕾耶·玛蒂厄（Mireille Mathieu）和乔治·布拉桑（Georges Brassens）现场献唱。作家勒内·法莱（René Fallet）也用轻快的笔调书写了博若莱新酒到来的盛况。从此，每一年自 11 月 15 日开始，博若莱新酒就占据了各商场的货架，并在各媒体上发声："这是一个 11 月的清晨，就像巴黎的其他清晨一样。在大剧院旁，在小咖啡馆里洋溢的氛围让这个清晨有点不一样。"（新酒到来的）消息被掩盖住，到了这一天突然爆发出来，商店的橱窗里用白色的字体写着"博若莱新酒到了！博若莱新酒到了！"这一句口号随着运酒的卡车传遍城市的每一个角落，而卡车司机也不停地吆喝着："嗨，朋友们！你们知道博若莱新酒已经到了吗？"这是一场盛大的活动，这一消息通过口口相传，越传越广。那些媒体上的名嘴们，像是文化电视节目的主持人贝尔纳·皮沃（Bernard Pivot），还有欧洲广播 1 台的记者斯特凡·克拉何（Stéphane Collaro）每年都会谈论起这样一个话题。

圣诞前夕 ①

11 月是一年中最让人悲伤的一个月。天气又冷又潮，还刮着大风。过去的盛夏和假期只剩下照片可供怀念。在 1 日或者 2 日，我们到墓园里面扫墓。11 日要庆祝以百万人死亡换来的胜利。② 还有各种的罢工活动。圣诞节还离得很远。但来到了第三个星期四，一款洋溢着欢快、放肆的酒闪耀着红宝石般的酒色来到我们的面前。入口感觉春天已经到来，我们大口大口地喝着这样的酒，它就像是找回年轻和好心情的灵丹妙药。在秋天的忧郁中，随着博若莱新酒上市人们掀起了想要庆祝的热潮。在最好的时刻有它的到来实在是太幸运了。

就像乡村地区举行的圣马丁节一样，庆祝博若莱新酒的到来通常都是以一场大醉的派对和满街满巷的人流为主要内容。这场狂欢的热潮从法国席卷至纽约、东京还有悉尼。不过热潮的背后，促进整个博若莱产区的葡萄酒生产。博若莱的主要生产商乔治·杜博夫拥有近 400 位酒农为其提供原料，拥有 20 多个合作社性质的酒窖，占了产区产量的 40%。这里每年出口美国 52 万箱葡萄酒，出口英国 22 万箱葡萄酒，出口日本 17.5 万箱葡萄酒。这正是"季节性饥渴"的好时光。

但对于博若莱的村庄级别葡萄酒来说，也可能是种不幸。所有在这方面的创新都被质疑和拷问。救命啊！小说《克洛许梅勒》中提到的故事要变成现实了！"这是一天中至高无上的时刻，是秋季里最美的夜晚

---

① 摘自贝尔纳·皮沃，《爱酒词典》，op. cit., p. 59 et 60。
② 11 月 11 日为法国二战纪念日。——译者注

之一。阳光在阿泽尔格河两岸的山脉背后消失，只有几处山脊还映照着点点余晖。在平台的边缘，两个男人正在凝视着这平静的黄昏……采收期很顺利，葡萄酒尝起来也很不错。在这博若莱的一角，人们得以娱乐放松自己。"这段摘自《克洛许梅勒》的文字——其实是在博若莱的一个小村庄发生的事情，书中描绘了博若莱天堂般的和平生活。实际上，在小说里，当市长巴泰勒米·皮埃虚（Barthélemy Piéchut）揭露了教师厄内斯·塔法德尔（Ernest Tafardel）想要兴建一座公共厕所的计划后，这里的居民为此争执不休。贾博瑞·谢瓦利耶所创作的这本小说从 1934 年开始就在全球享有极高的赞誉。《克洛许梅勒》已经发行了数百万本，被翻译成 26 种语言并被搬上荧屏。博若莱克洛许梅勒村的合作社酒窖对小说致以了崇高的敬意，酒窖里有保罗·杜夫（Paul Dufour）所画的漫画（以村庄居民为蓝本的 507 幅卡通画像），还有一幅于 2012 年制作的巨型壁画，上面画着小说中的人物角色。

　　从 2012 年开始，市面上出现了"以葡萄酒为基酒的加香型饮料"（BABV）。商家们在桃红、白或红葡萄酒，甚至不管是静态或是起泡的葡萄酒中纷纷加入苹果、香蕉、柑橘、桃子等水果的香气调料。这种类型的鸡尾酒主要用于各类庆祝活动，如开幕典礼、新年聚会时饮用。大部分这类葡萄酒都来自北非，西班牙或者南非。BABV 鸡尾酒通常通过稀释将度数控制在 7 度 ~10 度。其中"西柚桃红"口味的 BABV 就占了2/3 的市场份额。这很像以前埃利奥洋酒公司（Héritier-Guyot，1845 年成立）所推出的加香型酒，在勃艮第葡萄酒里面加入红色水果，如黑醋栗、黑莓还有黑加仑。大的酒业集团（如 Marie Brizard 集团的水果葡萄酒品牌，卡思黛乐集团的 Very 品牌）及零售渠道商现在都供应 BABV的产品。广告的目标群体锁定了年轻人及女性等"对葡萄酒囊中羞涩"

的消费人群，价格十分优惠（2~4欧元一瓶）。实际上这也是让低质量的葡萄酒增加获利的做法。葡萄酒教育依然需要继续努力。

"没有其他的酒像桃红西柚酒这样更让人迷醉了，这是一款可以随意畅饮的饮料。"BABV这样的饮料将传统的普罗旺斯和西班牙的水果葡萄酒（Sangria）带入了现代化的新玩法，它为这种平常可以在家中制作的开胃酒以创新的工业化方式制作，完全是一种人造的产物。只要冰一冰，就可以随时开喝。

"对传统的重新发明"这一理念在现代市场推广中占据了重要地位。这种做法并不是不了解现代的商业规则，而是懂得如何将悠长的工艺历史、地理景观、对环境的关注融合为一体，给市场带来有新意的创新产品。质量是最为关键的，毕竟群众的眼睛都是雪亮的。

葡萄酒的优秀名声及可持续性让它成了一种媒介。"法国葡萄酒酿造者的才华不仅仅体现在他们所酿造出的美酒，还体现在他们在过去数个世纪中用神奇的葡萄园、风土，及自然景观创造的历史和文化上。"兜兜转转发展的酿酒技术和葡萄酒旅游业是十分有价值的。"一瓶酒的价值，在于让人沉醉"，19世纪的诗人曾这样说道。而今天人们的思想与之背道而驰："醉酒的风险，尽在酒瓶之中。"酒瓶上的标签在消费者选择购买时扮演了决定性的角色，甚至定义了它的品味。某块著名园地，或者是某位在世或去世的名家，某个事件，甚至是购买该酒的客户都可以成为一瓶酒的品质代言人。

结语
手中有酒，千载悠悠

"噢，我的父辈们变得兴高采烈，当他们举起了手中的杯子……"这首小曲，歌颂了对家乡的思念。其中也体现出在很长的一段时间里，饮酒作乐是被所有人认可，甚至是鼓励的。然而，在我们所看到的过往的故事里，这段历史是错误的。饮酒享乐的普及化其实只在过去的短短两个世纪里才开始。

这首歌所留给大家的思考是，时代在变迁，作为一种正常的行为，饮酒如今却遭受排挤。值得高兴的是这依然是不真实的。某些人的愤怒，像酿酒师雅克·杜庞（Jacques Dupont）所发出的呐喊"还我葡萄！"其实是多余的。实在没必要再次煽动起人们对葡萄酒的情绪，像是在 1907 年、1911 年……或是 2010 年的那些争执一样。葡萄酒并不是一种威胁。它不是世界上被饮用最多的饮料：水、啤酒、茶等都排在它的前面。然而，葡萄酒业一直在稳定发展，从来都没有停止过。并不如我们在欧洲所听到的哀鸿遍野。你知道中国已经成为世界第一大红葡萄酒消费国（2013 年消费了 15.5 亿箱葡萄酒）了吗？它排在了法国（15亿箱），意大利（14.1 亿箱）还有美国（13.4 亿箱）之前。俄罗斯、澳大利亚的市场也正在发展。每一秒，全球都在饮用数千瓶的葡萄酒！有着这样丰富历史的葡萄酒，会参与到未来的建设中吗？

葡萄酒很容易适应时代，因总能找到合适的酿造方法酿造葡萄酒。

喝酒的人成了葡萄酒爱好者，而葡萄酒爱好者们已经不乐意"像父辈那样"去喝酒。他们梦想着要找到自己喜欢的葡萄酒，想着那会是什么样的一瓶酒，它是如何被酿造出来的。他们会吃着甜点，和朋友乐此不疲地谈论着这些话题。

讽刺画依然是民主社会最有力的武器。"喝着酒欢笑，或者喝醉酒被耻笑"，这句话让葡萄酒的消费变得曲折。历史往往循环往复。对人文学家弗朗索瓦·拉伯雷的回顾让人敬畏：这位巨人对肆意妄为或尽忠尽责的人性都抱有笑意。像他所说的："葡萄酒是世上最让人知礼的东西。"饮用葡萄酒从未像现在这样成为一种文明，同时还是人类存在的意义。

酒瓶中诞生的观念如同葡萄藤一样在生长。阅读、品酒还有其他的活动构成了深邃的人性，以及伟大的人文主义。如果你厌倦了拉伯雷的作品，不妨唱一唱巴桑的歌曲：《小酒馆》（1960）、《先祖》（1969）、《玫瑰》（1969）、《酒瓶和握手》（1969）、《伟大的潘恩》（1965）。

别去管那些数字：那些酒精度数，那些因饮酒而患病的人数，那些正在死去的人。对待葡萄酒，就是要爱它而别想太多。"年龄的增长让你获得两样东西：葡萄酒和朋友。"诗人赛特说过。那些只会理性而警惕地喝到微醺的人，是个完人。

如果你喜欢上面提到的这些，你会喜欢下面由路易斯·奥利雷（Louis Orizet）① 所写所说的话语，这可是一位伟大的"酌家"（作家，原文为 Écrivins）！

---

① 路易斯·奥利雷，农业工程师，作家，Inao 总视察员，博若莱丹尼塞市市长，《葡萄酒的美丽故事》，1993。

对我来说，每日、每月、每年被标记在了

数以千计的酒瓶里，在这里面我学到了风土的秘密，

美而性感的风味所带来的愉悦，总而言之，这是葡萄酒的

灵魂……

酒神们在我还躺在摇篮时就向我投注了目光。

她们是我的守护天使，护卫着我在葡萄酒方面的才华。

在步出酒窖之前，让我们停留几分钟，

不动如山，寂静，光线透过缝隙让酒窖明暗交错

透过那扇气窗，可以倾听到新葡萄酒诉说的声音，

神秘中透着隐晦的忧伤。这是一个幸福的时刻。

附　录

　　关于葡萄酒，有着很多的文学作品。学者、推广人员、诗人等对记录葡萄酒怀有莫大的热情。在法国的文献索引库里面，有着超过 2883 条关于"葡萄酒历史"的信息。这类型的资料实在太多，有时候会让研究者觉得困惑。特别是现在有两种主流的思潮，一是过分赞美葡萄酒文化及它所代表的价值；二是以道德规范约束葡萄酒的传播，通过身心及道德方面的宣讲限制过量饮酒。这两者之间并没有平衡好。第一种思潮促进了葡萄酒的生产、劳作，并赞扬了人的努力与成功。后者则更关注喝酒的人酗酒的种种坏处。本书写作的目的，是不希望两方面的不平衡继续延续下去。